ARCHITECTURAL
DRAWING

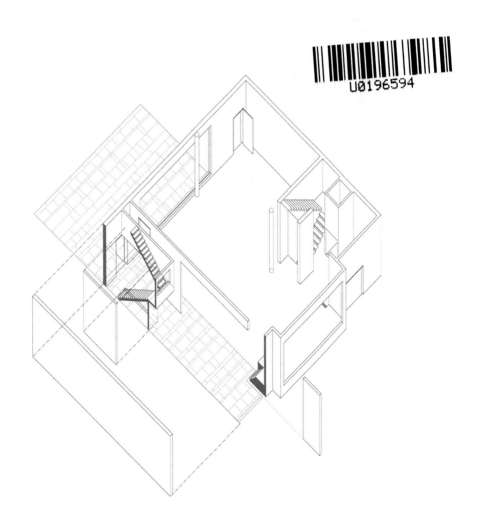

著作权合同登记图字：01-2010-2322 号

图书在版编目（CIP）数据

建筑绘画与技法 /（英）德尔尼著；梁静等译 . —北京：中国建筑工业
出版社，2012.11
（建筑与城市规划专业技能训练译丛）
ISBN 978-7-112-14610-9

Ⅰ . ①建… Ⅱ . ①德…②梁… Ⅲ . ①建筑艺术 – 绘画技法 Ⅳ .
① TU204

中国版本图书馆 CIP 数据核字（2012）第 249312 号

责任编辑：程素荣　孙立波　尹珺祥
责任设计：赵明霞
责任校对：张　颖　王誉欣

建筑与城市规划专业技能训练译丛

建筑绘画与技法

［英］戴维·德尔尼　著

梁　静　杨　瑞　译

申祖烈　校

*

中国建筑工业出版社出版、发行（北京西郊百万庄）
各 地 新 华 书 店 、建 筑 书 店 经 销
北 京 嘉 泰 利 德 公 司 制 版
北京方嘉彩色印刷有限责任公司印刷

*

开本：880×1230毫米　1/16　印张：12½　字数：387千字
2012年12月第一版　2012年12月第一次印刷
定价：78.00元
ISBN 978-7-112-14610-9
　　　　　（22650）

建筑与城市规划专业技能训练译丛

建筑绘画与技法

[英] 戴维·德尔尼 著

梁 静 杨 瑞 译

申祖烈 校

中国建筑工业出版社

目录

导言

"我深信不论是雕塑问题还是绘画问题，实际上最根本的还是绘图。我们必须完全地绝对地坚持绘图。只有掌握了绘图，所有其他才能成为可能。"——阿尔贝托·贾科梅蒂（Alberto Giacometti）

本书旨在赞颂当下为建筑师所广泛采用的绘图技巧。本书考察了传统的和不太传统的图样及绘图方法，以求展现创造性地解决建筑形象化的方法。在现今建筑物及其构件可以全部凭数码技术制作的时代，本书试图将整个绘图问题作为一种思维方式，一种在其他视觉艺术中很普遍的理念，来重新探讨处理。

现代的数字技术给建筑绘图提供了许多前所未有的机会，但同时人们本能地感觉到建筑绘图与其他种类的绘画之间的对话应该保留，因为他们可以反映不同种类的建筑的想象力和过程。本书探索了多种绘图方法，强调将建筑绘图作为一种重要的思考工具的作用，而不仅仅是"描述"建筑。通过美术、摄影和舞台设计等例子，本书研究了现代绘画的跨学科性质、同数码制图的结合及绘画行为本身在探索特定事件的空间和材料状况中所能起到的作用。

本书着重强调传统手绘与计算机生成图像之间的互补关系。提倡这种对话，使我们能探索"作为人工制品的绘图"，在其中，绘图和制模之间的界线弱化了，而绘图和制模间的两种过程在我们的想象和建筑的具体现实之间起着调剂作用。

绘图是制造建筑的第一个步骤，因此重要的是认识到手绘和数字绘图之间的关系，如同我们保持传统的和数字绘图的价值一样。通过拓宽建筑绘图和非建筑学科最常用的技巧的范围，我们就能探索描述更加多样化的创造建筑的思想和方法的各种方式。

绘图同材料和物质空间的结合，在其他很多视觉艺术中，都有描述。在此我们简短地介绍一下摄影家乔治斯·鲁斯（Georges Rousse）的作品，他试图在现存空间里探索有形的实体绘画；另一位舞台设计师卡斯帕·内尔（Caspar Neher），布莱希特的舞台装置的设计者，他的绘画基于物质和想象之间，如同建筑一样，关注人类戏剧的构想。

这种对处于建筑学边缘的多种学科的渗透，不仅在绘图技巧上，而且在绘图思考和表达方式上均富于启发性。建筑师面临的挑战不仅仅是寻找个人设计的方向，同时还要找对合适的绘画方式去清晰地表达和交流他的设计意图。我们必须意识到建筑意图或建筑体验形象化的过程是很复杂和微妙的：例如，规划一条街道就必须有街道生活的经验。通常对于建筑空间的多重感官经验不能仅仅通过一种单一类型的建筑绘图去表达。确切地说，只有通过将绘画、动画和电影的合成与拼贴，这种建筑体验的丰富性才能够完全获得。

由于创造性思维的自发性，在其他视觉艺术领域绘画与"做标记"的重要性正在日益被承认，但这也许并不十分出人意料，鉴于学科的性质，手绘的直观性几乎已经从今天的建筑行业中消失。在手绘存在于建筑设计的较短时间里，大部分时间它先是被机器、其后又被数字设备所削弱。目前"手绘"图已被"有情节的"或"计算而来的图像"所取代，而体力的"绘图活动"因显示屏及其周围的设备而被降为消极的调剂活动。

然而充其量，这些先进的表现技巧使我们能惊人、准确地探索形态和渲染光线、色彩和材质。现在的软件和界面设计的进步，赋予数码绘图以表达自由，但迄今为止，只有通过双手才能做到：创造性的数码表达精品，独特的、激动人心的和有启迪性的。

这种富有表现力的数字绘图对手工绘图形成了补充：两者都是表达思想的手段；在最好的情况下，两者都是直接的、独特的和人造的。虽然可以说手工绘图因其交流的直接性，能独特地"展示思想"，但同样无疑的，一旦掌握了数码绘图，它就确立了自身的表达领域：两套方式均可称为"思想具体化"的手段。

右图
特鲁瓦（Troyes，法国城市，
1986年），乔治斯·鲁斯摄

从历史上看，建筑绘图一直在反映传统的建造工艺：例如，沃特豪斯（Alfred Waterhouse）的水彩画中的建筑具有石材的外观，霍塔（Victor Horta）的明暗对比强烈的钢笔草图描绘出室内细部，这些都表达了对于建造的深刻理解。同理，卡罗·史卡帕（Carlo Scarpa）的铅笔与蜡笔画表达了他的实践知识，画中的迟疑和未完成的部分反映了他对于工匠朋友的依赖（如下图）。

今天，建造过程日趋多样化并与数字智能建造相结合。数码技术大大方便了设计过程中直到建造的各个阶段。随着生产和施工过程日益采用数码生成的方法，新的一代建筑师正在探研"数码建筑"语言。在传统技术中"建筑师的手"真切可见，同样，这新一代建筑师也能通过对数码绘图技术的精辟理解而找到自己的声音，它可以迅速地转化为制模、生产和最终的现场组装。

从这一角度来说，物质想象（加斯东·巴什拉 –Gaston Bachelard 曾经说得好："惊人的参与需求，超出了形态想象的吸引，只考虑物质在其中梦想和生活，换言之，那就是实现想象中的东西。"）支持着数字绘图的创造性过程，从绘制几何图形表现空间形式转到渲染光和材质来表现尺度与质感。在这样的过程中，绘图与模型的制作控制着设计的连贯性与完整性，因为它们能独立表达主题或项目意图同其物质形态间的关系。

混合介质绘图（手工与数字工具混合绘图）也能够很好地揭示出主题、形式与材料等问题。绘画《虚构城市 1》（Imaginary Cities）（第 9 页）使用了很多种材料（从松脂和沥青到油画布和黄麻纤维），想通过丰富的材质来表达记忆、城市的历史与它的人民。它是一张设计准备阶段的草图，关注的是创造力的自发性。正如达利波尔·韦沙利（Dalibor Vesely）曾经说过的，这项工作"由想回到设计阶段的意愿所确定，在此阶段，产生了最初想直观化设计内容的意图，或者说得更确切点，作为第一次与其后更为抽象的设计阶段的物质环境的冲突。"[1]

另一种方式的绘图是在设计的后期，如斯蒂文·霍尔（Steven Holl）的水彩画圣依纳爵堂（1997）精确地表现出最终建成后建筑的形体与光影特性。这张图探讨了形态和材料的理念；并利用水彩的独有特性来取得一种

右图
Castelvecchio 博物馆预制草图，
绘制：卡罗·史卡帕

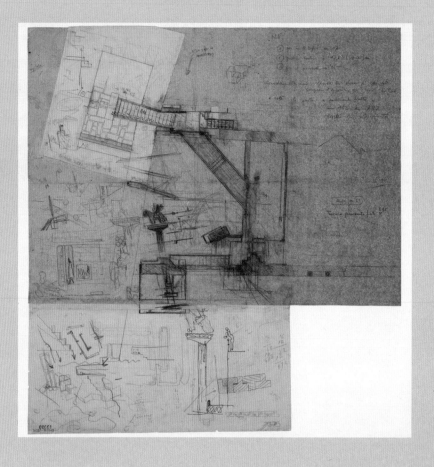

重叠的"光的瓶子"的强烈透明性。（第 11 页）。

这种绘画可以称之为"材质类绘画"，它探索图面的物质特性，创造出一种同实际材料的关联性，而不是对所用材料进行直截了当的说明。为了在设计过程中保持一种二元视界，"材质类绘画"将材料与形式理念整合形成一个肌理丰富的表面。进一步来说，这类绘画可能与法国摄影家乔治斯·鲁斯（Georges Rousse）有关，他的建筑摄影作品一直激励着建筑师。

鲁斯被戈登·马塔克拉克（Gordon Matta-Clark）20世纪 60 年代和 70 年代作品中衰败建筑的存在感所吸引，从 1970 年代开始在废弃的建筑里面制图、绘画与摄影。但是当马塔克拉克在建筑中大量地开展真实尺度的"摄影作业"时，鲁斯制图、绘画、绕过和改造现存空间以揭示新的或潜在场所的秩序（见第 7 页图）。

这些照片通过制图、绘画和摄影的技巧，表达了现存空间材料的基本秩序与想象之间的某种反差。作品探索了不同尺度下的绘图，而这些尺度来自相关的物质空间。线条或影线成为真实空间里的材料边界或是其隐含的结构；一种新的并置得如拼贴画的虚构地形的绘图者：

鲁斯的作品揭示了他所谓的"戏剧化的空间"，一个分层揭露空间里的新东西的过程。

最重要的是，鲁斯的作品是一个发现的过程，而不是一种概念阐释，约翰·伯杰（John Berger）的一句名言道出了绘画的关键："几乎每一个艺术家都能画出他做出的探索。但是绘画是为了探索更多——这是一个神圣的过程，那就是找到效果和原因。"[2] 如同在建筑设计过程的早期，鲁斯的绘图过程发现了一些新的关系，一部分为特定空间（或计划）所固有一部分构成了新的安排，并被引入其后被改造或被重新表现的空间。

这一过程揭示了雕塑、光线、尺度和封闭的物质环境之间的关系，并将对特定空间的综合体验结合在一起。布莱希特的著名舞台设计师卡斯帕·内尔（Caspar Neher, 1897-1962）的绘画就是对于这种材料和空间经验的进一步理解。对于内尔而言，物理空间边界的形成总是基于人的感觉，认识到这一点对于建筑师来说非常有意义，因此内尔将他的工作重心放在戏剧中的人身上。

他的用墨水、涂料与钢笔的绘画表现出一种对于色调和线条，尺度和光的敏感的控制力，好像剧本里的台

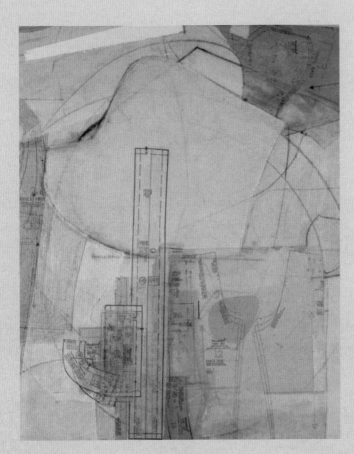

左图
想象城市 1，绘制：戴维·德尔尼（David Dernie）

上图
布莱希特的《母亲》舞台设计，第二场
绘制：卡斯帕·内尔（Caspar Neher）

词都被转移到了绘画里面。内尔据说曾经通过绘画来写戏剧："内尔的草图预告了一部由特定的导演、特定的演员与特定的剧团共同产生的著作。对某些舞台设计来说，有替换品是可以理解的，但它们是不可互换的装饰。他不是在画"舞台草图"，而是在写剧本。"

这些素描的新鲜感，它们同时表现有关演出和剧情铺开的布景的材料、光线和尺度的方式，相似建筑，但建筑绘图却很少能有如此开阔、综合和精确的质量。如同建筑师一样，内尔的草图也是传达信息的实用工具，布莱希特绝对地依赖它们的指导。从这个意义上讲，这种对于线条和色调的安排具有一种先天的精确性，如果这可以定义为思想的反映，而不是完整性的必然结果。内尔的草图不仅是先入为主的思想的示例，更是通过绘画行为启发灵感的自发性的探索实践。如同鲁斯（Rousse）对于空间的探索，它们是发现的绘画，但是它们也是关注人类行为的绘画。

将以上的几个主题合并在一起就是非同寻常的莎拉·莎菲（Sara Shafiei）和本·考得（Ben Cowd）混合式绘画，他们的作品是新一代建筑师的代表作。他们的

工作室尝试将传统的建筑绘图——比如剖面与平面——搬离纸面，从二维的表面拓展到三维的空间结构。这一工作的目的是重新定义与超越传统绘画的局限，使用新技术比如激光切割机来分层、包裹、折叠，使用激光固有的燃烧性能去刻画深度与工艺。他们的绘图，成为了本书的特色，建立了不同的专业思想之间的试验性平衡，使用新建的设计模式与技术，认识到绘画与新的制造工艺之间的内在联系，将图纸转变为模型。

这些通过传统与数字的技术学科知识的掌握而合成的"人工绘画制品"，浓缩了视觉与富有创造力的体验。它们代表了一种传统的视觉表现，这里面有思想与物质相互作用的展开，如同维斯·邦纳富瓦（Yves Bonnefoy）表达的："我一直把绘画理解为一个不断变化过程的具体化即动作、节奏、心灵的综合思考。"[4]

从这个意义上讲，我们已经看到，绘画过程的流动性和连续性是关键，因为建筑师力求将思想转化到建筑中去。绘画的过程是一个"思想物质化"的过程，毫无疑问是富有创造力的、个体化的过程，这一过程的多样性能够反映绘画工具和绘画类型的广泛性。本书旨在尝

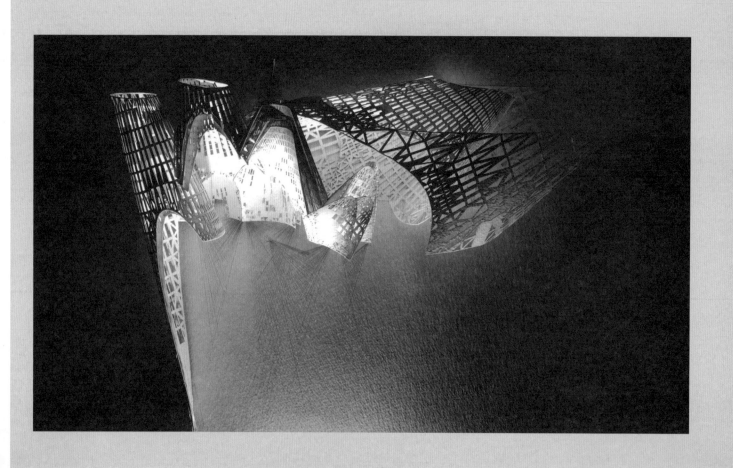

试捕获当今绘画表达的技巧。从数字和计算的绘画到铅笔与炭笔的绘画，本书并不是完全详尽的，但是旨在提供深入了解那些可使我们通过绘图和制作活动而发现自我之声的技术。

关于本书

本书分为三部分：介质、类型和场所。介质研究了用来绘画的工具；它的立场是把计算机作为建筑绘画的工具之一，尝试鼓励超越可预见的软件产品的实验，并讨论了线条绘画、渲染与复合介质绘画。第二部分，类型，描述了建筑工程中最常用的建筑投影法：其范围涵盖了从传统的投影法到不太传统的合成绘画。最后一部分，场所，描述了建筑画中常见的三种基本空间类型：室内、景观与城市环境。每一部分都配有各种图形和介质。

本书旨在兼具启发作用与实用性。它试图鼓励建筑绘画的志趣和多样性，同时，又是实用的指南；一个有用的起点，但不是一个详尽的实用手册。人们对于绘画的深度理解来自于更多的实践。

1. Dalibor Vesely, foreword to catalogue *Material Imagination* (Rome: Artemis Edizioni, 2005), p.10. Exhibition of drawings by author held at British School at Rome, 2005
2. John Berger, *Berger on Drawing* (Occasional Press, 2005), p.102
3. John Willett, *Caspar Neher, Brecht's Designer* (London and New York: Methuen, 1986), p.106
4. Yves Bonefoy, 'The Narrow Path Toward the Whole' in *Yale French Studies*, Number 84, Yale University Press, 1993

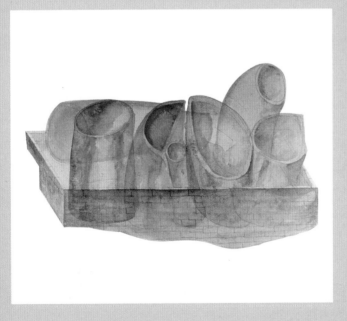

对页图
魔术师剧场剖面图，比例 1 ：100，国家植物园，罗马，作者莎拉·莎菲（Sara Shafiei）莎拉本（Saraben）工作室。激光切割的水彩纸，剖面展示了立面上的图案细节，使得光能够通过表面生成一个坐落于山上的形象鲜明的剧院。

左图
圣伊格那修（St Ignatius）教堂，西雅图，华盛顿州，斯蒂文·霍尔事务所，1997. 水彩渲染表现了光，色彩与空间的透明。

第一章 介质

简介

本章是关于建筑师常用绘图工具的纵览，重点在于介绍那些能够激励学生和业内人士的表现技巧。此处所采用的手段是假设电脑是唯一的制图工具。它研究了传统的技巧与 CAD 软件的指导原则以便恢复对建筑师仍然有效的表达广度。这也许不会很详尽，因为它只想涉及一些关键实用的绘图手段，而这些手段可以参照其他资料（书面的或网上的）而增多。

在处理数码介质时，重点是概述某些软件与某些过程的使用原则与方法。此处的指导是一种补充，而不是一种替代，在线指导或说明书。然后最有成效的学习技巧是实践。以下就是试图通过建筑制图激发我们的创造性。

本章首先对于影响所有绘画技巧的绘画表面提出了一些建议。接着研究了最基本但是最个性化的绘画元素——线条的绘制。当一幅画再进一步发展的时候，线就开始以光影的方式描述形态，最终是渲染。第二部分，为渲染考察了手工和数码渲染两种技巧。最后，还有一节论述混合介质，探研了创造性地把两种技巧的结合运用，重点放在利用各种材料或过程以创作图像的技巧。

绘画表面的特性包括它的肌理、表面的耐久性和颜色，都是绘画视觉质量的重要元素，这一点对于手绘和数字绘画可能都一样，依靠输出设备。总的来说，手绘图能够更充分利用不同材质的表面：例如，光亮的表面对水彩这样的技法特别重要，因为那种淡淡的、半透明的彩色光滑面，可让光线在纸面或底板上不反射。

一般情况下，建筑师在纸质表面上工作或打印，不同纸张的区别首先体现在纹理与密度上，材质表面的光滑度是由于生产时的不同压力造成的：采用加热的钢质表面滚压纸张叫做热压，表面较为光滑，简称"HP"；非热压的纸张表面较为粗糙，简称"Not"纸；冷压的纸张表面中等粗糙，简称"CP"。

热压与冷压的纸张重量是不同的，通常情况下，冷压的表面支持涂料与大尺度的绘画，而热压的表面较适合线描，将两种纸张表面涂过一层丙烯酸石膏粉都可以使纸张更适合于其他介质。标准的"描图纸"最好避免用作半透明的设计纸，现在则可行了。绘图薄膜更结实、

下图
景观研究，细部，用炭笔和颜料在油画带上绘制。

不易脏，它特别适用于铅笔或彩色铅笔，通过两面绘制，可在薄膜上形成有趣的层次。

线条

　　线条几乎是任何绘画中最重要的组成部分。好的图纸是通过单个线条的特征来解读的，而多种线条组合在一起，就确定了图样的空间性：线条就像边界因而在纸面上展示了空间关系。

　　线条的直观性使其成为将思想和观察形象化的最直接的方式，随着线条绘制的展开与用力的不同，它能表达出空间的进深，也能区分出光影的渐变与层次。

　　线条和所用作标识的工具及所画的表面一样，变异多端，线条可以用任何工具绘制，介质的配合，应该选择有利于线条的多样性，例如选择依据个人的方法不同，但是通常绘画表面与绘画工具。对比一下薄的绘图纸的局限性和印度棉布纸的丰厚表面，你应该选择软铅而不是纤维头的水性笔，但是最后的选择要根据绘画的特点，它有怎样的细节，它的尺度和它的观赏距离：就近、远处还是两者均有？

　　当我们用手绘画时，每个人都会本能地做出不同的标记，并画出不同的线条，这些基本元素是我们视觉思考和创造性想象的最本能的反应。它们反映了我们把复杂的综合性过程整合起来成设计的方法。使用这些方法我们能够思考分叉的路，机会和思想，否则就会面临表达上的困难。

下图
莎拉·莎菲，莎拉本工作室
建筑：魔法师剧院，国家植物园，罗马。
这个纵向的剖面是使用激光切割水彩纸
与手工和 CAD 绘制相结合的。

小窍门　铅笔
绘图时使用一支尖头的铅笔，画草图则要换一支比 "F" 要软的铅笔。铅笔绘图是一个分层的过程，过软的铅笔会使图面看起来很黑。

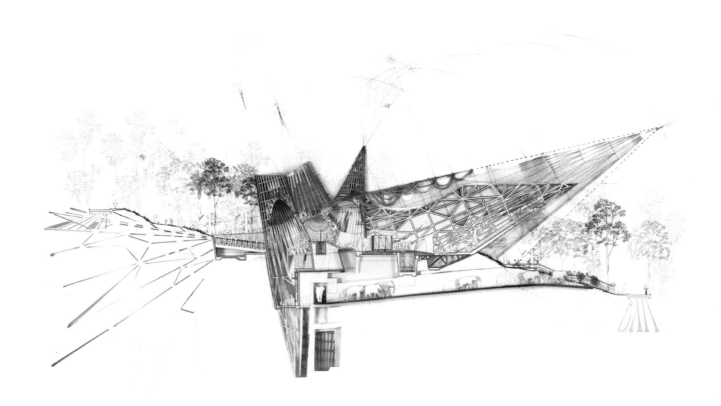

案例研究：线条

1

1. 这是蓝天组事务所的沃尔夫·D·普瑞克斯（Wolf D.Prix）和海默特·斯维兹斯基（Helmut Swiczinsky）绘制的在加利福尼亚的马利布（1983/1988—1989）的开放住宅的草图，这张草图很好地阐释了线条绘制的自发性。建筑师们称之为爆炸图。在回忆1930年代超现实主义者的自动书写的过程中，他们把这种绘画过程描述为"神情专注地闭着眼睛，手的动作如同一架地震仪，记录着空间所唤起的感觉。"作者继续解释道："当时重要的不是细部，而是光影的变化、明暗的对比，高宽的反差，视野与空气。"这些不同的线条力度描绘了一种貌似漂浮的结构感，一种模糊的室内室外界线感和一种协调高度倾斜景观的空间序列感。这张草图的吸引人之处在于它的残缺美；它既是开放的也是封闭的。它恰到好处地表达了它所要表达的东西，同时也有待于作者和读者的解释与参与，思考由线条架构的具有广度与深度的世界。

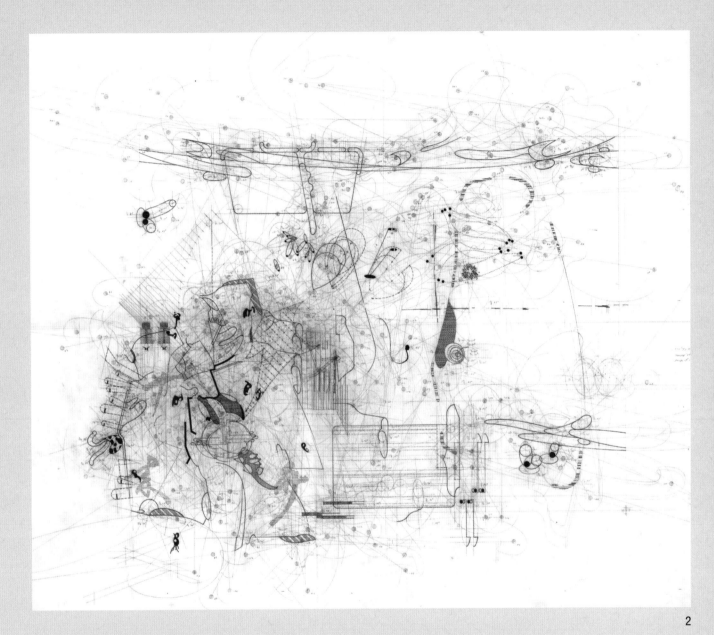

2

2. 佩里·库伯（Perry Kulper）作品的特点是那些有创意的线条，这位美国建筑师的绘画突破了我们关于表达的想象（本书收录了他的几幅作品）。这两幅线条绘画把思考的过程描述为一个完成的计划。它们用各种介质被绘制在绘图塑料薄膜上。通过特殊的主题、景观和设计策略，库伯把图面当成一个场景来探讨，通过线条将图面变成了一个精致的空间矩阵，跃然纸上。线条的流动与停滞抓住了人们的视线。通过双面使用绘图薄膜，图画好像从结构中立了起来，通过边界线条的描绘则意味着对空间的占据。它们是漂亮的实例，说明只用有限的色调、部分精心绘制的技巧和部分表现力强的标记，如何再现如此神秘的景观。

这些绘画中线条的种类一部分是绘图手段，一部分是绘画方法的发展过程。线条建立了绘画的步骤，变得疏密有致，表达了光影的质量。这些绘画将线条作为思考设计的工具；它们不受限制，从而在设计的过程中承担了推进设计进程的作用。

3

3. 线条是记录观察的基本要素以及各种草图的主要组成部分。观察式速写（和绘图），即对真实场所的快速记录，可能开始于初步的符号或绘画线条，它们飞快地掠过纸面。这些速写应该保存下来以显示绘画是怎样生成的、手部的动作和观察的过程。这里显示的苏菲·米歇尔（Sophie Mitchell）的观察式草图，她的墨水线条和她对于罗马塞韦罗凯旋门的观察一样迅速。线条随着画笔的运行被勾勒出来，尽管它们只不过描述了最广阔的空间范围，但是它们极好地记录了观察过程与表达时刻，它们涉及的是整个观察事件，而不是描述所见到的东西。卡尔珀的线条和色调的神秘度显示时间和绘图的反映周期，以相同的方式，这些活动图也表现了一个闪现时刻，并且随着目光接收整个尺度和印象，捕捉到一种与目光活动的快速性有关的速度。

4

4. 线条画可以通过较长时间的较细致的观察来衡量。在这类手绘图中，线条随着绘画，发展成一种空间深度，而可以变为直线交叉影线。建筑师凯尔·亨德森（Kyle Henderson）绘制的这幅熟练的钢笔线条画，是这种线条画所能取得效果的一个很好的实例，它保持了速写的自发性和细心观察的训练之间周到的平衡。

亨德森的绘画生动而有创造力，并带有明显的观察相似性，和页面上其他线条图一样。它们都有一种未完成的感觉。刻画精细的地方与不太精细的地方之间保持平衡是一种有效的策略。

在这些页面上的每幅线条画里，线条的实际质量，对如何理解图像起着重要的作用。一种抽象的线条暗示空间的深度，物体的重量与观察。

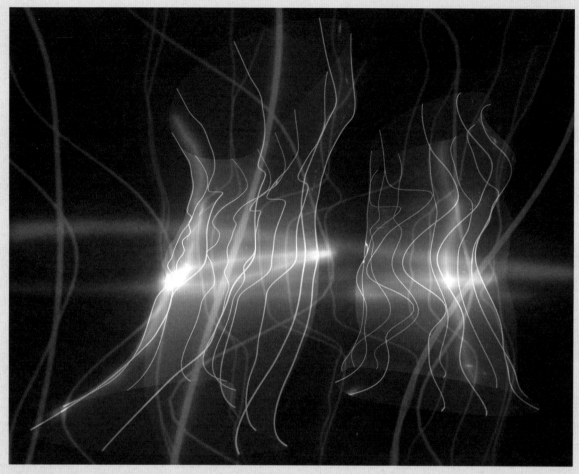

5

5. 声音传播,建筑—技术(Archi-Tectonics) 事务所。在这项研究中,最初建一个金属线网模型,模型波形起伏的表面,因音乐而激动,从而扩展开来。这些形态加以数码渲染,利用光的变化来研究其形式(另外一张有关此项研究的图画请看第32 页)。

6

6. 利布斯·伍兹 (Lebbeus
Woods)，柏林自由区，1991 年。
这幅图的特点是富有表现力的线条，
以及依赖线条与光影造型的平衡表
现出写实性的风格。

7. 莎拉本（Saraben）工作室的本·考得（Ben Cowd）和莎拉·莎菲（Sara Shafiei）绘制的RAASTA商场室内表现是一幅三维的绘画。它使用了激光切割的水彩纸制作，这个作品模糊了绘画与模型之间的界限。在这里线条的使用发展到了三维空间，并作为一种装饰性的结构线定义了空间的边界和室内的尺度。

8. 艾里克·欧文·莫斯（Eric Owen Moss）：皮塔尔·沙利文（Pittard Sullivan），洛杉矶，加利福尼亚州。

将照片与数字渲染图合并起来是一种有效的拼贴技术。请注意数码模型的抑制性和阴影及结构线条既绘制又拍摄的方法，两者结合起来，以形成一种充满动感的有效拼贴。图中线条的连续性，使拼贴在视觉上条理一致，即使它包含了两种大不相同的绘图技巧。

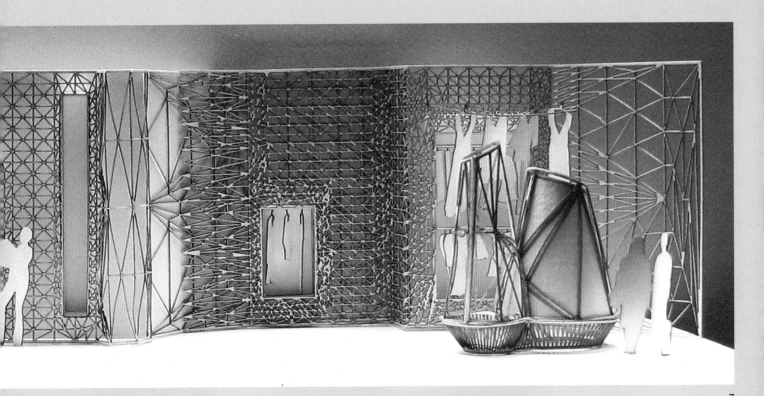

7

8

逐步进阶：铅笔

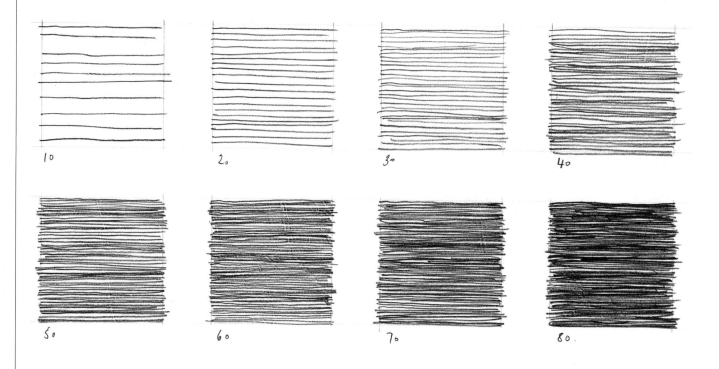

1 目前有各种活动铅笔和传统的木质铅笔（后者从 18 世纪中期以来很少改变过）。铅笔芯根据石墨和黏土的配比不同而具有不同的硬度。铅笔的制作方法很有差异，但可分为从 9H（非常硬）到 9B（非常软），其中最常用的是中等硬度的从 2H 到 2B。对于绘制图面上的细节部分，F（介于 H 和 HB 之间）可能是你可用的最软的铅笔。而草图可以用任何铅笔来画，B 或更软一些的铅笔较为常用。

2 精细的建筑绘画需要一支尖头的铅笔，头部削得又长又尖的铅笔画起图来更加的精确，不要使用卷笔刀来削铅笔，美工刀更加好用。它能让铅笔紧靠尺子边缘，并且意味着当铅笔画动时，线条的力度更均匀。

3 使用铅笔和彩色蜡笔在绘图薄膜的
两面绘轴测图。注意羽毛状线条。
羽状线条是在长度上从重到轻力度
逐渐减弱的线条。在建筑绘图中，
羽状化线条的两端，显示出线条的
"起始、中间和末尾"，线条在页面
上看似两端受阻，给绘图一种手工
准确和灵巧感。同时也要注意没有
一个转角是相交的。

逐步进阶：炭笔

炭笔是一种多变的敏感的绘图介质。艺术家海伦·默格特罗伊德（Helen Murgatroyd）的这项研究表明炭条可以画出很多种线条，通过使用不同的压力和炭笔的不同部分。轻敲纸面的画法和在纸面上摩擦都会产生不同的纹理效果，把软的炭铅擦模糊可以制造出灰色调的效果，就像一种涂料，可以被固定下来，并且用较硬的炭笔配合绘画线条。

1.细的炭笔，各种不同压力的效果

2.倾斜使用炭笔

3.绘图时折断

4.使用手指摩擦

5.粗的炭条，不同压力

6.轻轻用力

7.重重用力

8.反复敲击

9.断碎炭屑的涂擦

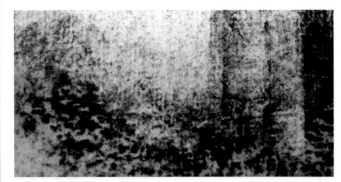

1

左1
软的柳枝炭条用来获得各种不同的效果

左2
炭条有各种不同的尺度与密度

2

逐步进阶：炭笔与 Photoshop

这些图像显示了使用 Photoshop 的滤镜能够获得近似炭笔或蜡笔画的质感，所用的这些效果都可以在"滤镜"菜单下找到。

1. "胶片颗粒"命令中使用中等强度颗粒。
2. 中粗"炭笔"和最多细部。
3. 最细"炭笔"，中等细部，明度较大。最后图面是黑白反转的。
4. "炭精笔"，中等前景、大背景，低缩放和中等鲜明度。
5. "粉笔和炭笔"中等炭笔和粉笔区，画笔压力中等。
6. "粉笔和炭笔"高炭笔区，而粉笔区和画笔压力低。

1

2

3

4

5

6

逐步进阶：墨水

　　由艺术家海伦·默格特罗伊德（Helen Murgatroyd）使用墨汁所作的标记和线条探研，所使用的工具包括（从左上到右下）：不同速度和不同笔尖面的钢笔、钝的金属工具、不同厚度和形状的画笔、滚筒、齿状刮刀、铅笔头，最后是墨水瓶的盖子。

1.钢笔，正常速度　　2.钢笔，慢速　　3.钢笔，快速，墨水很少　　4.钢笔，反转笔尖

5.钝金属工具　　6.钝金属工具蘸较少墨水　　7.粗画笔　　8.细画笔

9.细画笔，墨水较少　　10.粗画笔的侧面　　11.橡胶滚筒　　12.橡胶滚筒，墨水较少

13.齿状刮刀　　14.钝的刮刀头　　15.铅笔头　　16.墨水瓶盖子

逐步进阶：墨水与 Photoshop

这些图面描述了 Photoshop 滤镜如何模仿水彩似的效果。所有的效果都可以在"滤镜"菜单下的"画笔描边"中找到。

原图

1.边缘强化

2.成角的笔划

3.墨水轮廓

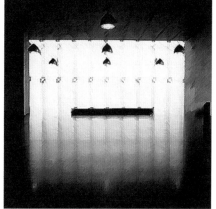

4.喷色笔划

5.喷溅

6.烟灰墨

逐步进阶：单色印刷品

单色印制是一种简单的印制形式。基础单色印制品，亦称直接描绘图，产生柔性线条和色调效果，打印机的墨汁涂在某种表面上（例如一种金属的蚀刻钢板，乙烯基，玻璃或密封的卡纸），将纸放在上面，然后将墨水印在纸上，形成一个相反的图像。

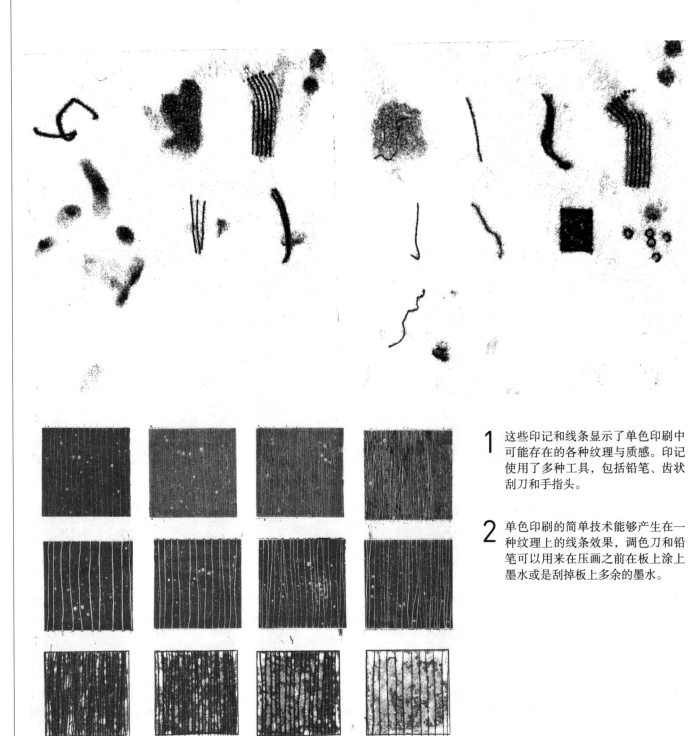

1 这些印记和线条显示了单色印刷中可能存在的各种纹理与质感。印记使用了多种工具，包括铅笔、齿状刮刀和手指头。

2 单色印刷的简单技术能够产生在一种纹理上的线条效果，调色刀和铅笔可以用来在压画之前在板上涂上墨水或是刮掉板上多余的墨水。

逐步进阶：Photoshop

对于空间的形象化来讲，Photoshop 是一个非常重要的工具。在下图的案例中，CAD 建模软件用来生成某博物馆或展览空间最初的结构模型。使用透明的纹理和颜色图层，可以使得原始模型呈现出材料的质感。"图像"菜单下的"转换工具"在调整覆盖图层的尺度与位置时非常有用。

左图和上图
最初的草图拼贴画是用 Photoshop 拼贴在已形成的模型上方而成（上图）。使用滤镜菜单下的"风格化" > 查找边缘工具将图片转换成一种简单的线条（左图）。

渲染

　　图纸是建造的第一步。作为一种人工产物，建筑绘画逐渐演变为描述光、色彩与材质表面。"渲染图"是在创意想象与建成空间时最重要的中间阶段。聚集的线条可以描绘光和影；色彩区、纹理甚至材料片断都可以像拼贴一样，填补策略思维和物质实现之间的缺陷。渲染改变抽象画；光线、纹理和色彩（真实的和虚构的），结合起来，以显示一种可能的物质性，并给想象的场所以具体感。

　　这种渲染经常是局部的或不完整的。如同一个半成品草图，蕴含着一种开放性，促使观察者去想象它的设计过程。这种渲染是线条绘画作为想象过程的自然延伸；探索性绘画在某种程度上是一种草图模型，揭示出手绘的方法和绘制过程。在设计过程的后期，渲染绘画能够清晰明了地表现材料与光，从而推动细部的设计。

　　这些种类的渲染图是在设计的过程中完成的。相比之下，最终的渲染一直在交流设计意图方面起着十分重要的作用。最终的渲染经常是最杰出的建筑绘画，几乎使用了所有可能的技术手段，比如早期的渲染从精确的钢笔到水墨画到蛋黄彩画再到壁画和油基涂料。后期

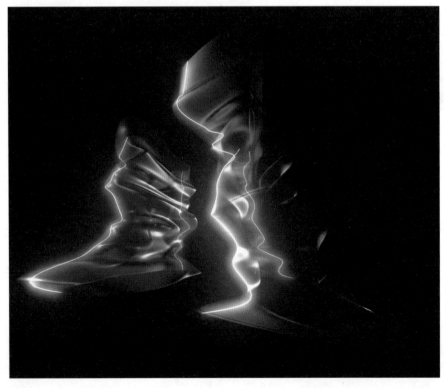

左上图
彼得·斯帕克斯的简单的铅笔和水彩写生，出色地抓住了街景的尺度、光线和实质。这种速写要求对纸面上水分的精心调控，以表现水彩和明显边缘间的色调变异。

左图
声音传播，建筑—技术事务所（Archi-Tectonics）。这项研究显示如何单独利用线条、光和影能有效地描绘形态（这项研究还可参阅第 20 页上的另一图）。

的技术例如水彩、炭笔、蜡笔使得渲染在表达光、细部和材质表面更加富有表现力。这些图画是艺术家和插图画家的原始作品，但是更多的新技术已经从这种手工渲染，通过拼贴和摄影蒙太奇而转变到电脑生成图像（或CGIs）。

CGIs（电脑生成图像）的特色和复杂性各不相同。但是这项技术现在被大多数的建筑渲染图使用。往往最后的图像由大量的软件来完成。这些程序总是支持形式的想象，并擅长描述复杂形体结构的细部与逼真的光照，否则是难以表现的。

一方面，CGI的照相现实主义比较新，使用了少量的软件。超现实主义渲染已经变成了全球的标准。但另一方面，这些画总是不太令人信服；多少有些刻板甚至是令人不安。它们不是创造性设计过程不可缺少的"中间绘图"；更确切地说它们本身具有更加权威的特性、以无误的确定性表现建筑。具有讽刺意味的是，尽管在绘图上几乎一切皆有可能，但同时存在一定程度的可预见性即：甚至最精密的渲染也可能像插图一样，缺少形式多样化绘图的吸引力。一个朴素的思想能够超越现实，经过多次磨练的视觉效果能够代替建筑意图。

明暗对比，即明暗如何构成绘图以便发现和确定形态，同时也加大最终的颜色和色调的力度，理解了这些有利于渲染。在建筑绘图中"投影"学科，或称绘图中的影斑，如果不是所有也是许多表现技巧的试金石。

后页的两幅艺术家安妮·戴斯梅特（Anne Desmet）所作的《池边倒影》和《金宫二世1991》，探索了光在空间中所起的特定作用。安妮·戴斯梅特作品的效果至少部分地基于她富于想象力的技巧，并用它与空间的氛围建立了联系。这些渲染图的目的是抓住观者的想象力。一幅画放在那里不仅仅是一幅插图而是要去研究的；它不仅仅用来讲故事，还要引发思考。

一幅绘画的"呈现"部分是一个有关内容和图面形态布局的问题，但也取决于该图本身的实际创作方式，它的表面材质，纹理和深度。现代的数码绘画，往往减少表面的质感，而传统的绘画技术则在根本上依赖于它。它们利用自然颜料的特性来产生不同的透明度。例如蛋彩、油彩和水彩，都有不同的层次效果。有时这种效果也是难以察觉的——例如镀金的亚美尼亚树干——直到现在也是一种很好地通过表面和光的变化来抓住观众想

象力的方法。

计算机给我们提供了许多渲染工具和软件，从基本的建模工具如含有渲染墙体和照明能力的SketchUp到较为复杂的modo，V-Ray或3ds Max软件，都是特别设计用来有效渲染模型，处理复杂的肌理、入射光与辐射光的。

逼真的电脑渲染图通常是多个软件共同工作的结果，其生成过程是漫长的，应用SketchUp软件，能够更快地渲染，所以它是一种受欢迎的常用工具，它精确而迅速，矢量作图可以从多平台输入，然后模型可输出至所需的插件中。同时SketchUp软件对于建筑的投影、材料的调色和组件都具有指导作用；使用Layout插件，可以很快地将Sketch模型变成正交的图形。

Photoshop也是一种重要的绘制生动效果图的工具。Photoshop的图层工具能够很快地将基本的粗略模型转变为能够有效表达设计思想的图画并向前推进设计进程。室内快速设计"曼彻斯特革命"（见第31页）是在一个由Rhino建的基本模型的基础上使用Photoshop拼贴而成的作品。这种绘画适用于初步的设计讨论而不是最终的渲染表现。这幅图画使用了明显的Photoshop工具来变换材料肌理。由此可见，这一软件和其他数字工具一样，当控制好的时候可以起到同样的效果。

案例研究：渲染

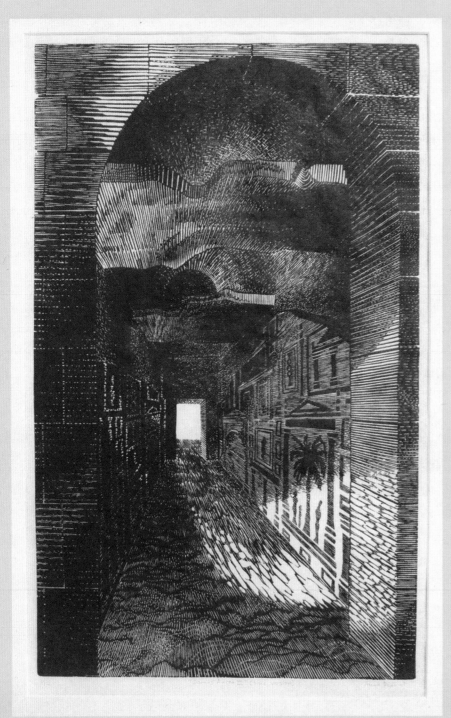

1a

1b

1a. 对建筑师来说，版画是探索有效利用明暗的一种表现丰富的介质。版画艺术家安妮·戴斯梅特（Anne Desmet）在她的建筑类版画作品中表现了对于这一主题的深入理解。例如左图《金宫二世 1991》（Domus Aurea II 1991），是用蓝／黑色油墨印在米色日本桑葚纸上的麻胶版画。它采用了细小的铅笔和薄薄的灰色素描再现了记忆中的被埋在地下的金色罗马英雄宫殿。它不追求准确地表达室内装饰，但是重在表达一些光影效果，壁画的闪光的细部和一种洞穴的空间感，沉默的放弃和彻底的黑暗。

2

1b. 安妮·戴斯梅特的另一幅作品《池边倒影》(Poolside Reflection)，创作灵感来源于曼彻斯特维多利亚浴室的室内。采用木刻裱贴技法，黑色油墨印刷。在版画的雕刻中，艺术家强化和夸大了在反射镜面中看到的建筑室内和照片中的各种光照的效果。这面镜子凹陷而污脏产生出一种艺术家在她的刻画中夸大了的变形映像，因而使人想起从前浴室使用时池水中的映像效果。版画中加入的裱贴区域（浅黄色的部分）是为了强调镜面与其悬挂墙面的不同的颜色和纹理。空间和材料的光影和色调表现出这个被遗弃的浴室的沧桑感。整个画面如镜面般的抽象，其中光感与波浪形阴影之间的动态联系使人们能够感受到一种被封存了很久的水世界的景象。

2. 把多数当代的渲染技巧最好作为涂层的过程来理解。其中最简单的就是铅笔和彩笔。上图的埃里克·帕里（Eric Parry）的《威尔特郡的老庄园住宅立面研究》出色地证明了这些渲染技巧的潜力。这一系列的立面用铅笔以 1∶50 的比例绘制而成，工具线条的精确与手工线条的优美，彩铅的渲染与层次达到完美的平衡。这些简单的技巧共同传递了建筑物表面的材料和造型信息。此图不但构思优美，而且也凸显了精确性，并表达了建筑师对材料、建造和景观的理解的真实感。

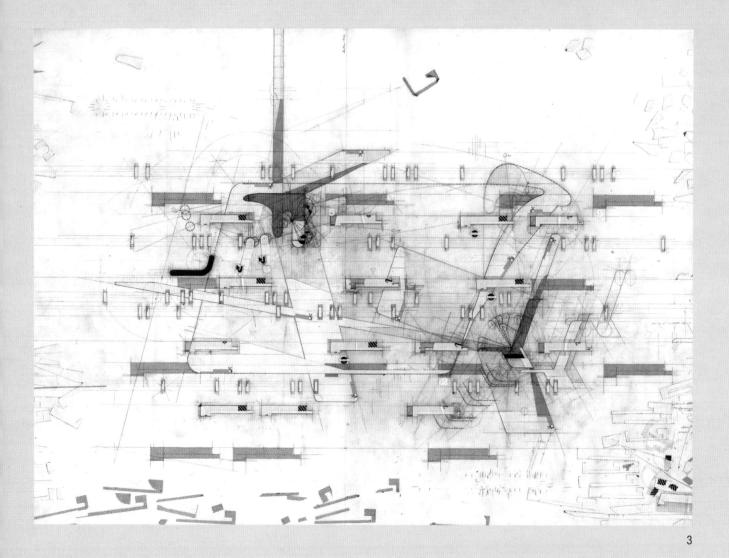

3

3. 佩里·库伯在提炼帕里的基础上发展了一种铅笔绘图法，运用各种不同种类的线条的粗细程度，这种深度来自于在绘图膜的两边分别绘制。在这幅图画里，他的线条技巧扩展出更多的色调面。这种渲染具有平铺的生动性，它和整个画面上的层叠空间的较含糊的解读形成对比。在图面的中心，色调的浓度增大，以建立起一个由主要层和次要层组成的空间。这幅图画对于不同的色调的运用十分出色。背景绘制的浅红色如同阴影，而前面绘制的线条有十分明确的形状，涂成那不勒斯黄，在这两层之间的灰色区域如同结构要素，由转换的过渡色调和偶尔白色的高光组成。最后两个紫色的元素从底层的阴影中生长出来，看似生成了系列其他线条和活动。库伯使用了复合的色调渲染和不同的线条力度在画面中创造了一个活灵活现的动态空间。色彩与光，开与关，形状与动态的反差如同平面与剖面的拼贴形成了一个复合的轮廓。

4

4．水彩，尽管经常与较小的观察类的或说明性的绘画相联系，但它是最富于表情的渲染方式之一并能适合所有比例的绘画。在水彩渲染中，半透明的图层允许纸面本身的光泽显露出来；光可以透过上色的各层，赋予图面以活力。水彩的活力来自于在图画表面上细微深度中偶然反射的光感作用。如同墨水一样，水彩是一个富有挑战性的技法，它取决于很精确地控制笔尖上的水与纸面的接触。这里，建筑师摩尔·卢堡·尤戴尔（Moore Ruble Yudell）所做的快速草图表达了一种平面的设计意图。像大多数的水彩一样，这张草图首先用软铅笔打稿然后很随意地上色，以这种让颜色自由混合的方式来使用水彩。在这幅图中作者故意弄湿纸的表面，将铅笔和颜料混合在一起表达设计概念。

5

5．由帕特考建筑事务所(Patkau Architects）设计的加拿大曼尼托巴大学音乐艺术与设计中心的鸟瞰图，其特点是色彩使用上的抑制。图面强烈的进深感一部分来自于透视的变化，另一部分来自于色彩的精选和前景的细部，然后逐渐转变到较模糊的背景。轻描淡写的渲染使得这幅图具有冲击力；线条和单色的图面也可以同全彩色的图画一样有表现力。重要的是，渲染被看作反映设计思想过程中一个创造性的不可缺少的组成部分，而不是一种简单的、机械的对软件产品或技术的运用。这张图表现出了简洁的形式，立面的细部以及建筑与景观的关系，还有城市的地形地貌。

6．Lindakirkja，Kópavogur，冰岛 Granda 建筑师工作室。这张教堂的外部渲染图表达了建筑师的设计意图，即在漫长的黑暗的冬季，通过渗透进建筑的墙里面的光，使人们的感知逆转。

7．Delugan Meissel 的透视图在某种意义上讲很有趣。画面由室内的一条线所架构。建筑与远处的山坡和周围的景观有特别的关系，而且从这张图上可以很容易地读到

这一点，因为它把画面的焦点聚焦在窗外的景观上，并使用 Photoshop 将它拼贴在光滑的墙面上。

8．Lindakirkja，Granda 建筑师工作室。从这张室内渲染可以看出，透过垂直窄缝射进来的光如何消解掉了建筑的外部形体。室内与室外的渲染图均有效地平衡了现实与抽象的图景。

6

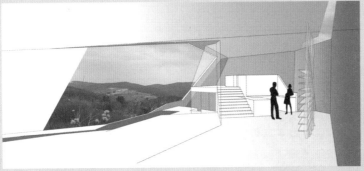

7

8

逐步进阶：铅笔、蜡笔

图 1 至图 6 是用彩铅绘制的一座花园结构草图研究。这是一张过程中的草图，即设计还是初步的，并通过这张草图进行推敲。

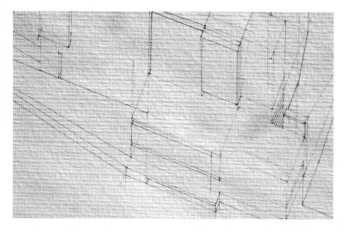

1 这张花园结构的最初草图研究是使用尖头的 F 型号的铅笔绘制的。在细部中你可以看到线条在交角处如何如何羽化，辅助线依然是可见的。尽量不要使用橡皮，因为这样会影响纸面的质量。

2 彩铅最好分层填涂，从而逐渐达到最终想要的深度。阴影都向同一方向绘制会更有效果。除了一些想要留白的区域外，第一层用银灰色的铅笔轻轻地盖住整个纸面。第二层用法国灰建立起纸面的中灰度色调，根据阴影与高光的位置来涂抹较轻和较重的区域。通常情况下，地面越低则阴影越深，水的颜色是非常深的。

3 然后在阴影区涂上青铜色和蓝灰色。修饰植物的形体和阴影。在景观中加入土地的色调，然后用油灰橡皮将过重的色调变浅。阴影区域多数使用的是焦橙色。

4 金褐色提亮了地面，焦橙色加重了阴影区。前景色被银灰色和白色提亮。

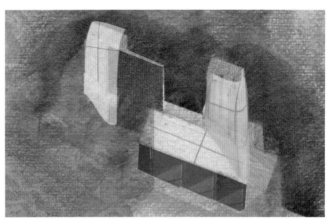

5 较远处的颜色较重的区域与景观融合在一起，可以看出草图处于未完成的状态。

6 然后使用 Photoshop 来协调手绘图中原来的理念，以便更加清晰地结束这个设计阶段。

7 最后的成图保持着草图风格——这是一个研究过程而不是一个最终的设计表现。这一步骤加入了前景的树（使用魔棒工具快速修剪并使用变换工具调整大小）。笔刀用来绘制前景阴影区域的形状。

逐步进阶：炭笔

　　这些草图研究旨在探索炭笔用于表现各种理念和状态的多样性。在每一幅画中，通过明暗对比的手法，炭笔被用来探索阴影，建立形体与景观。纸张表面的纹理是炭笔表现的关键之处。先将纸面涂上较重的色调，然后再用橡皮擦去，这一过程类似于雕刻黏土。

1 这张草图使用软柳枝炭的边缘绘制。它是一间花园房子的草图，四面封闭但是向天空敞开。沿着纸的边缘擦掉多余的炭粉，就形成了墙面与天空在色调上的强烈反差。其他的边缘也采用这种方法处理。

2 使用 Photoshop 的画笔工具使天空模糊，水层介入。

3 这是完成的草图，简单地使用了 Photoshop 中的拼贴方法。原有草图中的纹理仍旧保留，使最终的画面较富想象性。

1 这张草图用一种最敏锐的绘画工具——柳枝炭条绘制，其对最轻微的触摸都有回应。本图是一个朝着窗户的室内透视。

2 在 Photoshop 中使用画笔与蒙版工具，加入地板的纹理和窗户的细部。使用动态模糊工具修改人物。

3 最后在窗户上使用发光的效果，同时不失去炭笔画的原有特性。

1 这是一张使用较硬的压缩炭条绘制的关于花园壁龛的快速草图。颜色较重的炭条与纸面纹理的结合使用最适合表达同花园环境相联系的表面材质。

2 作为一种快速探索更多细部和反光水面的方法，Photoshop 把透明的色彩层加于空间上。

逐步进阶：水彩 室内草图

成功水彩画的关键是保持纸面的亮度。在光面上作水彩画涉及一个附加半透明涂料的过程，即形成从光亮到阴影，以创造出有层次的色彩和浓度，这样，画面就永远保持光亮。最重要的是水彩画要求在每个环节上有控制画笔中和纸面上含水量的能力。

下面是在建筑绘画中有用的颜色：

- 铬绿，钴绿，温莎绿（黄底），新藤黄，赭石黄，那不勒斯黄，金黄
- 浅红，深褐色，生褐色，深棕色，卡普摩顿紫，铁棕

- 耐久暗红，镉猩红，茜草色
- 普鲁士蓝，代尔福特蓝，象牙黑，培恩灰

尽管白色（或不透明的白树胶水彩）不是很必要，但当绘图完成和图面昏暗的地方，常用它来增添高光。

水彩一直是用来画最终效果图的渲染介质。当然，也是用它作为探索设计的工具，这三张草图就是使用水彩绘制的。

三张图依次显示了画一张快速的室内透视的过程。

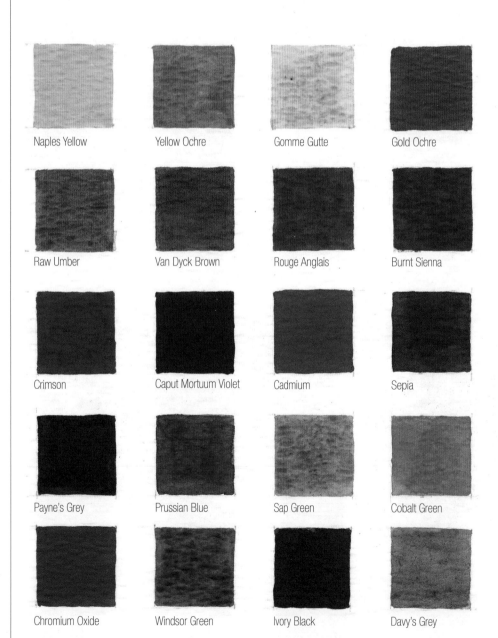

| Naples Yellow | Yellow Ochre | Gomme Gutte | Gold Ochre |

| Raw Umber | Van Dyck Brown | Rouge Anglais | Burnt Sienna |

| Crimson | Caput Mortuum Violet | Cadmium | Sepia |

| Payne's Grey | Prussian Blue | Sap Green | Cobalt Green |

| Chromium Oxide | Windsor Green | Ivory Black | Davy's Grey |

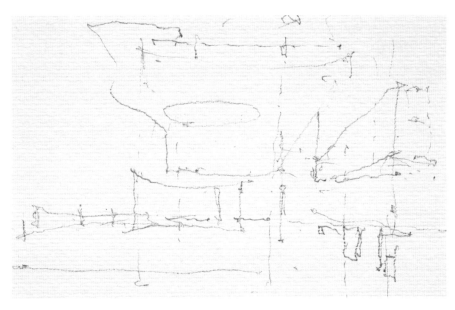

1 首先根据尺度和基本的开口，用铅笔画出粗略的室内草图。

2 使用生褐色和深棕色粗略地薄涂一层。

3 用 Photoshop 加入细部和反射。

小窍门　上色

使用水彩绘制从明到暗或相反的退晕效果，取决于你的绘画技巧和颜料的透明度。

逐步进阶：Photoshop　完成一张电脑图（CGI）

　　下面三幅图由伊恩·亨德森（Ian Henderson）用 Photoshop 绘制的过程图演示了巧妙处理 CGI 图像，生成阴影及颜色修正的技巧。

1 "黏土"模型渲染用来检验图面组合、光照和模型准确性。

2 在 3D 软件中赋模型以材质。将渲染文件存储为".tiff"或".png"格式来保存场景中透明的区域。

3 双击背景图层将它变为一个标准图层并将其重新命名。将天空的图片拖到工作文件中，把它放在"建筑"层的后面。

4 将建筑从天空中抬起，生成一个新层，将它放在"建筑"层和"天空"层之间。为了生成烟雾，使用渐变工具。从白色到透明的渐变，不透明度设为50%。

5 使用移动工具将"树"层加入。树放置在"建筑"层的后面作为背景，但是在"天空"层和"烟雾"层上面。

6 建立两个新层，一个命名为"树的高光"，另一个命名为"树的阴影"。在"树"层上按Ctrl+左键选择它们（在某一层上按Ctrl+左键可以选择这一层上的所有东西）。在选择的状态下，选择"树的高光"层，用边缘模糊的画笔工具，在树冠的顶部也就是高光可能出现的地方涂上白色。同时在选择的状态下，选择"树的阴影"层，用边缘模糊的画笔工具，在树冠的底部也就是阴影可能出现的地方涂上黑色。

7 将"树的高光"层和"树的阴影"层的图层混合模式均设置为柔光，并将不透明度调为75%。

8 使用移动工具将草地的贴图拖进工作文件中（在移动过程中按住 Shift 键用移动工具把贴图集以便更好地适应接收的文件）。在草地图层被选择的状态下，按 Ctrl+J 生成一个复制图层。将复制的图层与原有的草地图层相连接，并把它们合并为一个图层。

重复复制的过程，直到"草地"层的大小达到前景所需大小的两倍。使用自由变化下的透视工具将草地的形状变为透视效果（自由变化工具的快捷键为 Ctrl+T，激活后点击鼠标右键进入不同的变形工具）。

选择前景的草地使用多边形套索工具。（当使用多边形套索工具时按住 Shift 键，可以使得所选的边界为竖直，水平或 45° 角。而且使用多边形套索工具时按后退键可以回退上一次的点击，按空格键可以允许在使用多边形套索工具时移动操作的位置）。

在草地层被选择的状态下，生成一个遮罩图层盖住草地层上不需要的区域（所生成的遮罩会自动适合所选区域，在选区内形成一个遮罩。图层遮罩通过把图层涂成白、黑或灰的颜色，将部分图层遮盖或是显露。白色相当于完全不透明，黑色相当于完全透明，灰色则介于两者之间）。

9 然后生成不同的图层来形成草地的阴影和高光。黑色作为阴影，白色用来作为高光。图层混合时，根据所需要的效果，设置每一层的不透明度。

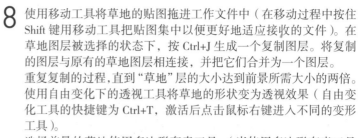

10 使用 3D 软件渲染一张纯黑白的图像，生成 α 通道。白色部分为一种特定的材料（本例中为石材），黑色是其余的部分。把 α 通道拖到工作文件中，并把它放置在最顶层。选择 α 通道（Ctrl+ 左键）。

在通道面板上把这个选区存储为"石材的 α 通道"。

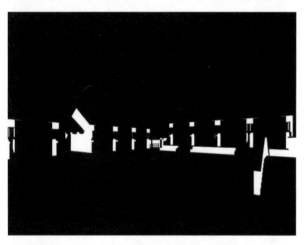

11 在通道面板中载入之前存储的选区"石材的 α 通道"。建立一个新的图层。使用填充工具将图层填上白色（Ctrl+ 回退键会将选区填充为背景色，Alt+ 回退键会将选区填充为前景色）。

12 选择新建的白色图层，将图层混合模式设置为柔光，不透明度为25%，使得石材更加明亮。

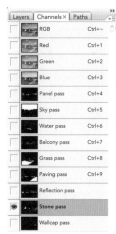

13 为了改变石材的颜色，可以选择所需的颜色然后建立和命名一个新层。在通道面板中载入所存的"石材的α通道"选区。并将选区填充为所需颜色。将图层混合模式设置为变暗，不透明度为20%。

14 从通道面板中载入"草地的α通道"作为一个选区。去掉前景部分的草地，只留下背景部分的草地。建立并命名一个新层用前面所学的技巧绘出草地的高光和阴影。

15 在图层面板中建立一个新组并重新命名。将树下拖放在新建的组里。

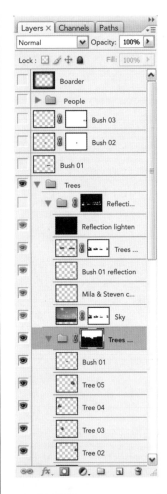

16 在通道面板中载入"天空的 α 通道"作为一个选区。选择"树群"组建立一个遮罩图层（在组上建立一个遮罩图层，这个遮罩会影响组里面的所有图层）。在遮罩图层上点击鼠标左键将它选中，然后将它填充为白与黑两种颜色，使得树木显示在正确的区域。（为加快编辑的过程，单击"x"键可使前景色和背景色相互转换。要显示遮罩图层，可以在此层上按 Alt+ 鼠标左键，再按 Alt+ 鼠标左键可回到正常视图。遮罩图层在遮罩视图和正常视图两种状态下都可以编辑。）

17 在图层面板中建立一个新组并再命名。将会在窗户上形成反射的元素（即天空、树木、灌木、人等等）下拖到新的组里。在通道面板中载入"反射 α 通道"作为一个选区。在"反射组"里建立一个新的遮罩图层。使用上述的技巧编辑这些反射元素。

18 将前景的植被下拖进工作文件。使用变换工具调整植被的透视和尺度使其适合图面。如需要的话使用遮罩图层。

19 在图层面板中建立一个新组并再命名。将配景人物下拖进来。使用变换工具调整人物的透视和尺度使其适合图面。注意人物的受光方向，确保和画面中的光源方向一致。使用图面菜单下的调整选项修改人物确保在画面中配置适当（可使用色阶、曲线、色相\饱和度、滤镜等工具）。为人物加上阴影，确保其投射在正确的方向。

20 为了使看图的人将视线集中在图像的中间，要建立一个新的图层并再命名。使用半径较大的边缘模糊的笔刷将边缘涂成黑色（当使用笔刷工具时，按住 Shift 键可在两点之间画出一条直线）。

21 最后将黑色边框层的图层混合模式设置为柔光，不透明度调为 25%。

逐步进阶：Photoshop 制作人的影子

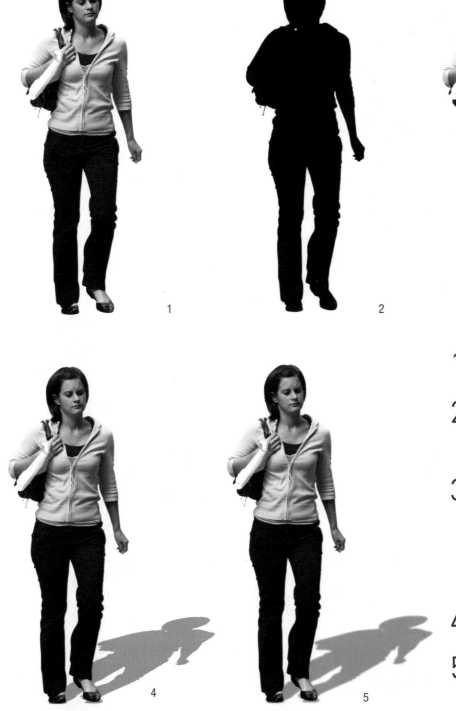

1 单个人物：首先确保人物的图片放在一个单独的图层并且已被命名。

2 制作黑影：复制"人物"图层并重新命名（Ctrl+J 快捷键复制图层）。打开色相/饱和度对话框（Ctrl+U）把饱和度和明度都调到最大值 100。

3 将影子变形：选择"影子"图层，然后使用变换工具（Ctrl+T）单击鼠标右键，然后选择变形功能，抓住上部中间的定位点，将它移动到合适的位置，双击应用按钮或回车键。在图层面板上将影子图层放在人物图层的下面。

4 应用透明度：选择"影子"图层，然后将其不透明度设定为预期的效果。

5 应用高斯模糊：根据需要使用高斯模糊滤镜使影子变得柔和。

逐步进阶：Photoshop　照片颜色修正

小窍门　图层调整

图层调整与图像调整相反，提供能够二次编辑并能够去除掉的一种非破坏性的工作流程。每一个新的图层调整命令都是一个附加的效果，因此所有的图层调整命令使用后都会产生非常好的效果。

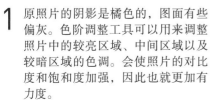

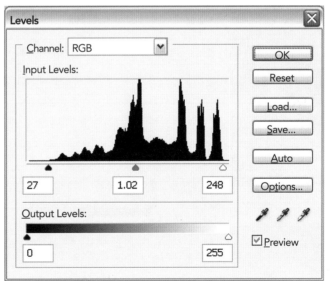

1 原照片的阴影是橘色的，图面有些偏灰。色阶调整工具可以用来调整照片中的较亮区域、中间区域以及较暗区域的色调。会使照片的对比度和饱和度加强，因此也就更加有力度。

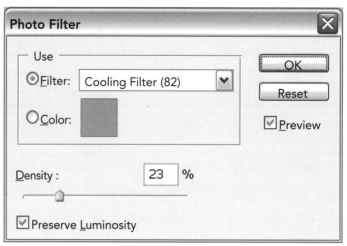

2 使用滤镜功能可控制照片的色彩倾
向。使用蓝色的滤镜可以中和照片
的橘色阴影。

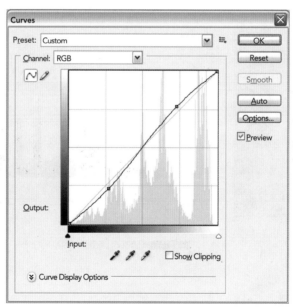

3 使用曲线调节功能可以控制整个图面
的色调，与色阶调整的效果相似。通
过在曲线中加入控制点，照片可以以
很多不同的方式调整。对于这张照片
来说，加入两个控制点形成 "S" 形的
曲线，可以提亮照片的亮部，加重照
片的暗部，增加对比、饱和和冲击度。

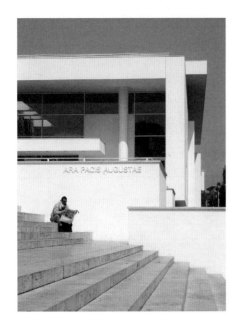

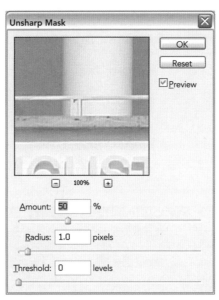

4 数码相机拍摄的照片通常比较柔和，需要通过锐化提高其清晰度。USM 锐化滤镜或智能锐化滤镜都是非常好的锐化工具。USM 锐化使用起来非常简单并且能获得非常满意的效果。智能锐化更加的复杂需要更多设置，但是能获得最好的效果。使用任何锐化工具必须细心敏捷。

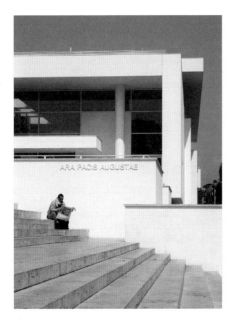

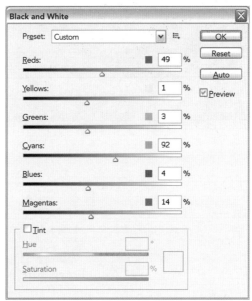

5 若想把你的照片变成黑白的，可使用转换黑白命令。转换黑白命令全面控制每一种主要颜色如何转变为黑白色。因此，这个选项是无限制的，主要看效果的要求。

逐步进阶：Autodesk

　　这个小例子探索的在 Revit 软件中建筑立面如何快速生成草模来推敲建筑形体。所选的例子是一个多层办公楼。这个项目打算作为一个教师指导下的课程来执行，所以每一部分只列出了任务，而没有分步骤的指导完成任务。关于任务的信息可以在屏幕下的帮助文件中找到（图 1）。

　　为了完成这个办公楼的练习，请跟着下面列出的步骤来做。

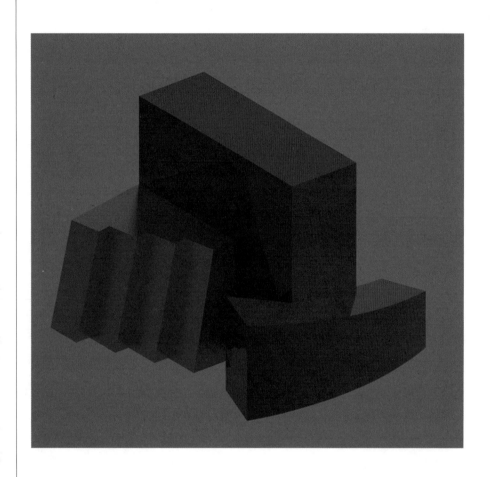

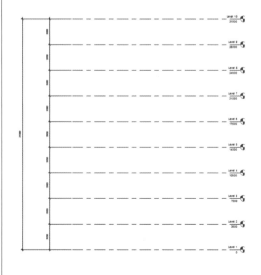

1 楼层：
打开文件：DefaultMetric.rte 或 step01.rvt
点击新建按钮建立一个新的项目。
保存文件：概念模型 .rvt
在任何立面图中确定层数：楼层到楼层的高度为 3500mm。
将 2 层的层高定位 3500mm。
将 3–10 层的层高都定位 3500mm。

生成新楼层的平面视图：选择 View Design 工具条然后使用 Floor Plan 命令选择所有楼层。接受默认设置。

要想得到一个好的结果有很多方法；试一下这个：新建 8 个楼层然后使用尺寸和 EQ 去建立 3500mm 的层高。

保存文件。

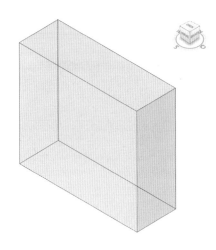

2 长方体：
打开文件：概念模型 .rvt 或 step02.rvt
长方体平面视图——1 层
选择 Massing Design 工具条。
使用 Mass 命令。
接收缺省名字。
使用 Solid Form > Solid Extrusion。

长方体的尺寸：36000mm × 12000mm × 10 层
将长方体放置在项目文件上面一半的高度上，在立面标志的里面。

保存文件。

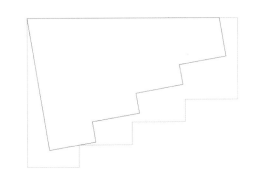

3 锯齿形：
打开文件：概念模型 .rvt 或 step03.rvt
锯齿形平面视图——1 层
选择 Massing Design 工具条。
使用 Mass 命令。
使用 Solid Form 下的 Solid Blend 命令。

从长方形的左下角开始画这个图形。
向下画 16500mm，向右画 6000mm，向上画 2500mm。
将刚才画的两条线段复制 3 次，形成锯齿的形状。将最后的竖向的线段拖到最下面的长方形的边界。
再画一条线将这个图形封闭。

选择底部的线。
以左上角的角点为基准，将锯齿图形缩小 0.9 倍。
在选择设置中去掉顶部横向图线。
以左上角点为基准，将剩下的图形逆时针旋转 10°。
再画一条线将这个图形封闭。
设置锯齿形体的高度。
南向立面图。
选择锯齿形将它拖到第 6 层。

保存文件。

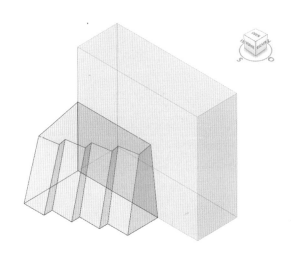

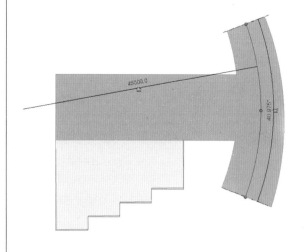

4 扫描混成：
打开文件：概念模型 .rvt 或 step04.rvt
编辑现有的长方体。
平面——1 层。
选择长方体。
点击绘图窗口上的编辑按钮。

使用扫描混成（swept blend）指令生成形体。
将形体加入现有的群组。
选择长方体进行编辑。
点击 Solid Form 下的 Create Path 命令。选择三点绘制弧线的模式，路径的起点在模型的上方，终点在模型的下方，半径设置为 45000mm（输入）。

生成剖面 1：画出一个矩形（长 7600mm，宽 9000mm）将其底部中心放在路径上。
生成剖面 2：画出一个矩形（长 10000mm，宽 15000mm）将其底部中心放在路径上。

使用 Join Geometry 工具（长方形与扫描混成形体）。
仍旧在这个群组里，编辑模式（所以现在没有完成）。
使用 Join Geometry 工具将长方体和扫描混成形体合成一体。
先选择长方体，再选择扫描混成形体。

退出群组编辑模式。

保存文件。

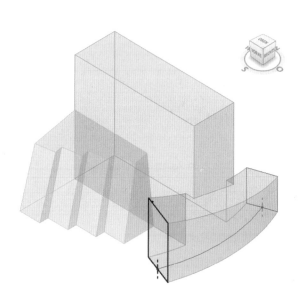

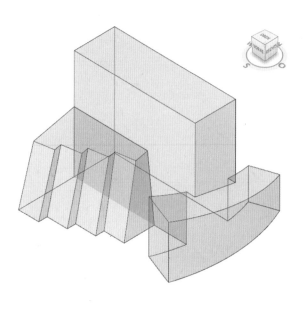

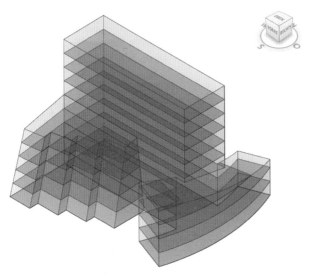

5 应用体量楼层：
打开文件：概念模型 .rvt 或 step05.rvt
生成楼层。
选择聚集形态。
点击绘图窗口上方的 Massing Floor 键。
选择 1–10 层。
在选择设置中加入一个标记。
必要时在每一个体块上重复以上步骤。

保存文件。

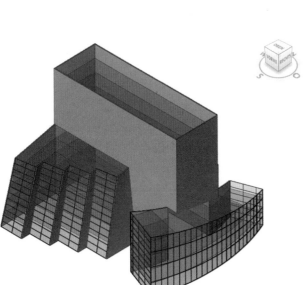

6 给体块以墙面：
打开文件：概念模型 .rvt 或 step06.rvt
用面建立墙体。
基本墙面——普通的——200mm。
设置 Location Line 来完成室内的墙面。

用面建幕墙系统。
幕墙系统 1500mm × 3000mm。

分割墙体：
选择 Split 工具。
将光标放在长方体南向墙面的垂直边界上。
在锯齿形体上点击鼠标左键。
在东侧墙面上重复以上步骤。
注意：在操作中你可能接受警告。请忽略警告。

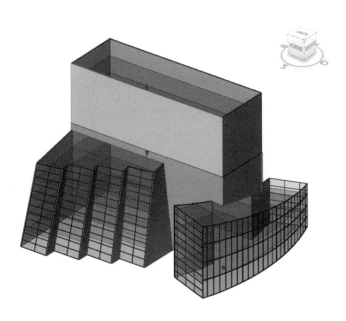

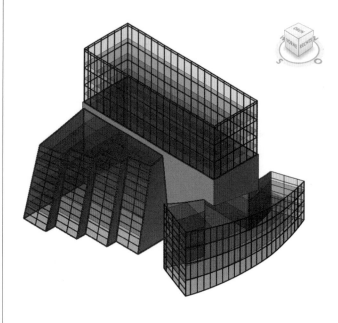

7 替换墙体类型：
将红色的墙面替换为幕墙——外部光滑。
注意：在操作中你可能接受警告。请忽略警告。

使用 Modelling Design 工具条建立三维的窗棂。
选择窗棂，使用缺省的 50mm × 150mm 长方体。
应用到每一片幕墙的表面。

保存文件。

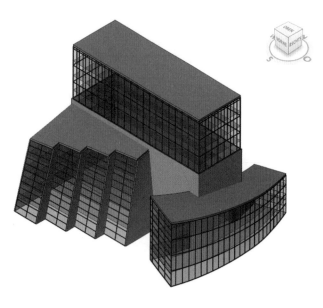

8 给体块加屋顶：
打开文件：概念模型 .rvt 或 step07.rvt
用面建屋顶。
锯齿形屋顶。
选择体块的顶面。
长方形和扫描混成。
选择所有的顶面与体块。

保存文件。

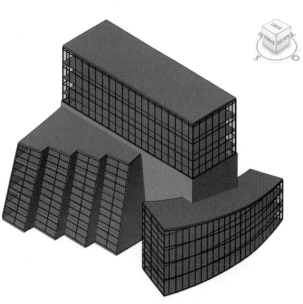

9 给体块加楼层：
打开文件：概念模型 .rvt 或 step08.rvt
用面建楼板。
选择混凝土——国产的 425mm。
建立一个整个建筑模型的选择集合。
点击绘图窗口下的 Create Floors 按钮。

保存文件。

面积	造价	类属	类属和 类型	楼层	周长	结构	结构用途	类型	体积
各层楼板数据									
306m²		楼板	楼板：混凝土—拱顶	1层	81000	否	板式	混凝土——国产425mm	130.05m³
690m²		楼板	楼板：混凝土—拱顶	1层	149350	否	板式	混凝土——国产425mm	293.18m³
996m²							—		423.23m³
284m²		楼板	楼板：混凝土—拱顶	2层	78566	否	板式	混凝土——国产425mm	120.77m³
690m²		楼板	楼板：混凝土—拱顶	2层	149350	否	板式	混凝土——国产425mm	293.18m³
974m²									413.95m³
263m²		楼板	楼板：混凝土—拱顶	3层	76136	否	板式	混凝土——国产425mm	111.92m³
690m²		楼板	楼板：混凝土—拱顶	3层	149350	否	板式	混凝土——国产425mm	293.18m³
953m²									405.10m³
243m²		楼板	楼板：混凝土—拱顶	4层	73864	否	板式	混凝土——国产425mm	103.48m³
627m²		楼板	楼板：混凝土—拱顶	4层	133862	否	板式	混凝土——国产425mm	266.45m³
370m²									369.93m³
225m²		楼板	楼板：混凝土—拱顶	5层	71607	否	板式	混凝土——国产425mm	95.46m³
485m²		楼板	楼板：混凝土—拱顶	5层	126367	否	板式	混凝土——国产425mm	206.02m³
709m²									301.48m³
432m²		楼板	楼板：混凝土—拱顶	6层	96000	否	板式	混凝土——国产425mm	
432m²									
432m²		楼板	楼板：混凝土—拱顶	7层	96000	否	板式	混凝土——国产425mm	
432m²									
432m²		楼板	楼板：混凝土—拱顶	8层	96000	否	板式	混凝土——国产425mm	183.60m³
432m²									183.60m³
432m²		楼板	楼板：混凝土—拱顶	9层	96000	否	板式	混凝土——国产425mm	183.60m³
432m²									183.60m³
6231m²									2648.09m³

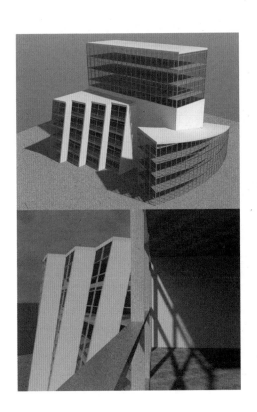

10 表格：
打开文件：概念模型 .rvt 或 step09.rvt
制作表格。
墙体根据类型分类。
楼板根据层数分类。
窗棂根据长度分类。

保存文件。

11 渲染模型：
打开文件：概念模型 .rvt 或 step10.rvt
查看控制工具条。
将阴影打开。
Render Design 工具。
选择渲染对话框。
室外照明——仅太阳光。
将渲染质量设置为草图（1 分钟）；中等（10 分钟）。
点击渲染按钮开始渲染过程。

另外：
使用 Site Design 工具建地形模型。
使用另外一种材质。

保存文件。

混合介质

混合介质绘图使用手绘与电脑软件的混合技巧完成效果图。所用的软件根据设计过程的需要和所要达到的最终效果来选择。混合介质绘图可以接受标准设计和基于屏幕的局限性，为建筑进一步的视觉化提供了大量的潜在发展空间，接受了测绘的标准形式。

混合绘制方法在设计的初期阶段可能十分有用。手绘与数字技术之间的转换将绘画变得更加灵活和富有创造力，促进多样的设计方法在某种程度上承认绘画是一个创造性的探索过程，而不是一种可预见的应用过程或插图；一幅画揭示某些要不然就秘而不宣的东西。

拼贴对推动设计进程的解释性绘图很重要，同时它也是重要的理解文脉和人居环境工具。拼贴最简单的形式是由切或撕的纸做成的。这里我们举一个城市电影院和漫画家工作室（下页）的初步设计的例子。此图开始解析了真实空间与虚构空间之间，在尺度和作用上城市内部要经历的转变。将撕好的纸贴在棕色的纸上，再使用粉笔在上面大量涂抹，这种图画与电脑生成的图画相比具有一种速成的特点。这种手工绘画的材质是传统的

下图

莎拉本工作室的电池电源海岸地形图，混合介质，L.A.W.u.N 21号项目。

拼贴作品。

第65页的拼贴图是一个项目的早期研究草图，以伦敦东区为背景，是一个供服装的展示、制作与贸易的共享外部空间。将环境作为一个整体，这个市场最初的设计策略是使用衣料、线、大麻纤维、黄麻纤维和女装制作图样等原料来制作"材料拼贴式"的设计。这种绘画是一种思想过程的"记录"，在这一阶段最后的设计方案还是不清晰的，如同画中所表达的一样，只是材料和片段性的空间状况。

另一张拼贴是这个项目的稍后设计情况，全部使用撕的薄纸进行拼贴而成。这些草图接着被扫描然后用Photoshop进行处理来更加清晰地表达结构、光的面积以及建筑空间设计。这些"纸做的墙"所形成的空间和色彩要领先于项目的细部设计。

建筑师布肖·亨尼（Buschow Henley）探索了使用黑白两色的CAD图像进行版画制作的过程（见P108）。这一过程很有趣，它使得精确的绘图能够以较高的质量被复制，可以通过纸张本身或是通过油墨涂层进行复制。

下图
最简单快速的混合介质绘画形式就是拼贴。这是一张在设计早期阶段完成的拼贴图，使用撕纸和炭笔完成。折叠的纸张形成了一种中间色调的棕色背景。

小窍门　数字图像的尺寸

当使用手绘与数字绘图技术相结合的绘画方法时，请确保图像的尺寸不大于输出设备所必须要求的大小可以节省时间。

案例研究：混合介质

1

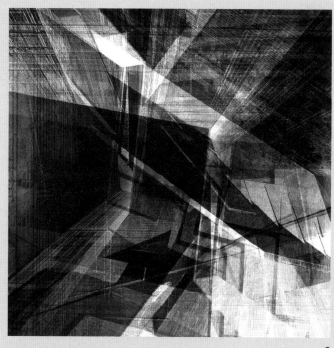

2

1. 艺术家安妮·戴斯梅特（Anne Desmet）的作品显示了自由表现的拼贴画与版画怎样结合在一起。例如，Shards 室内，是一幅木刻版画与金箔拼贴结合在瓷砖上的作品。它是由很多小块的雕刻组合而成，使人身临其境地进入了位于曼彻斯特的一个被遗弃的维多利亚时期的浴室内部。撕过的纸被贴在一块铁锈色的瓷砖上，颜色跟室内的砖砌体完全一致；同时，也表现出外墙面那独特的装饰性的红砖墙与白色线脚。画面的沧桑感也是为了传达建筑的年久失修与破败感。

2. 与以手工艺为基础的技巧相反，在数字混合介质绘画中，使用肌理和模型照片能够有效地生成逼真的虚拟空间绘画。这张由建筑师捷尼克·欧泽明（Janek Ozmin）使用模型照片和材料肌理生成的非凡的数字拼贴图所表达的空间，一部分建立在缩比模型的基础上，一部分是想像的，另一部分则通过制图本身传达了信息。这一混合介质的技巧是一种用来驱动设计向前发展的典型的方法。

3a

3a，b. 这些混合介质的绘画，《室内／室外I和II》是伦敦的一个建筑项目的初步研究的一部分。它们被画在覆盖了帆布和石膏粉的木质表面上。最初使用与设计项目相关的薄纸和服装制作图样作为原料，将它们用兔皮胶贴在画板上。中间色调和阴影区使用稀释的沥青和其他相关的材料混合而成。棉布、纤维织物、薄纸和黄麻纤维等材料给这幅绘画以质感，从而能够启发后期的设计。

3b

逐步进阶：单色版画

　　下面的 5 个步骤是艺术家海伦·默格特罗伊德(Helen Murgatroyd)示范使用各种技巧和介质制作版画的过程。

1 将少量墨水放在一个平坦的表面上。玻璃或者有机玻璃都是较为理想的。使用滚筒将墨水均匀地推开，不停地滚动滚筒，直到墨水发出吱吱的声音。

2 在推开的墨水上轻轻地放置一张白纸。

3 使用任何工具在纸上进行绘制（示例中使用的是铅笔）。小心不要在纸面上不需要出现墨水的地方施加任何压力。

4 将纸从墨水上掀开，你所绘制的图像就会以反向的方式印在纸的另一面上。

5 尝试使用不同的工具探索版画，例如，使用梳子画一系列的平行线，使用针头画非常细的线，使用手指画大面积的色调。压力的大小会产生许多深浅不同的色调。

逐步进阶：亚麻油毡刻画

1 准备所选图像，将不同的区域都涂上颜色。将底图画在一张亚麻油毡上。

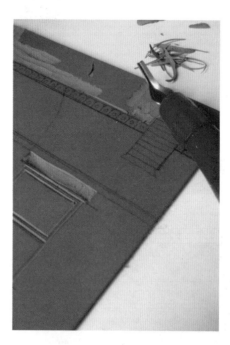

2 在亚麻油毡上印上第一种颜色的区域。将纸面上留白的区域用刻刀除去（或是你想印在纸面颜色）。

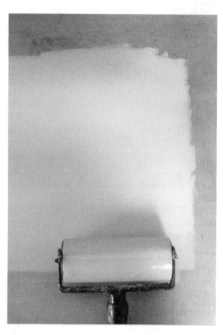

3 调出第一种颜色，用滚筒将颜料在平坦的表面上摊开。只需要很少量的颜料就可以，当听到吱吱声的时候，颜料就可以上色了。

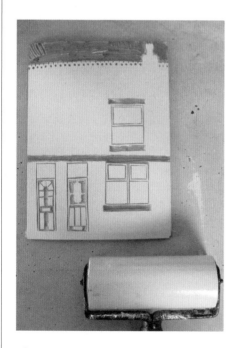

4 使用滚筒将颜料薄且均匀地涂在油毡上。

5 将油毡的正面朝下放置在纸上，使用另一个干净的滚筒在上面来回滚压，施加较大的压力，从而生成一张较均匀的印刷版画。使用印刷机会有更好的效果。

6 将油毡清理干净后，继续在上面刻上第二种颜色。这次，把所有的你想要印上第一种颜色的区域油毡全部去除掉。

7 重复上色的过程，使用滚筒轻轻地均匀地涂上第一种颜色。

8 在第二次印刷的时候，与上一次对准是非常重要的。如果使用印刷机的话，在纸上标记油毡板的位置是一个好办法。如果使用滚筒的话，油毡板的四角要对齐。

9 继续雕刻油毡板，准备第三次上色。步骤同上。

10 当切掉最后印刷的区域之后，油毡板上几乎不剩什么了，只有需要最后印刷的区域和最重的颜色。油毡板因此而变得松软。

11 最后一次重复印制的过程，最终的作品完成。

步骤1

步骤2

步骤3

步骤4

逐步进阶：快速誊印

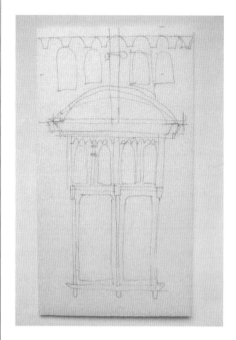

1 在一块薄的聚苯乙烯板上打出草稿，不要用力太大。

2 然后再使用圆珠笔在草稿上来回描绘，使得聚苯乙烯板上形成痕迹。可以尝试不同的工具来压制出不同的痕迹。也可以用美工刀切去板上的某些部分。

3 在一块平坦的面上，用滚筒推开颜料。不断滚动滚轮直到听到吱吱声。

4 当墨汁发出粘稠声时就可以上滚筒了，滚动要轻柔均匀，务必使整个滚筒都涂满。

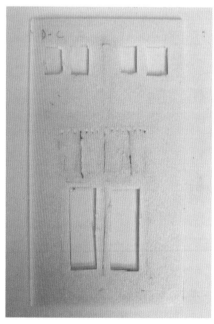

5 将聚苯乙烯板面朝下放在纸上，使用另一个干净的滚筒滚压聚苯乙烯板。

6 完成。注意即使是最细小的痕迹都会反应在图面上。

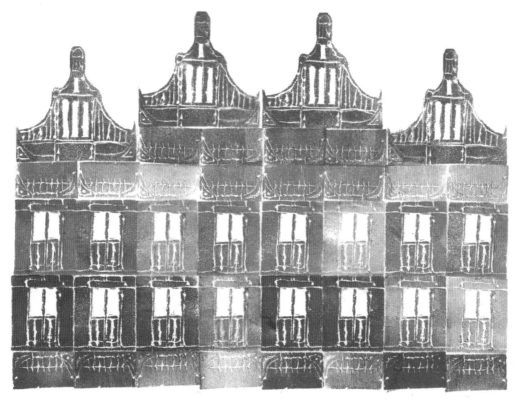

7 可以使用不同的颜色重复的印制这
些图样，快速誊印的特点就是它非
常迅速，而且制作图样的时间也很

短，但是聚苯乙烯板如果反复的上
色和清洗的话不会持久。

逐步进阶：纸板丝网印刷

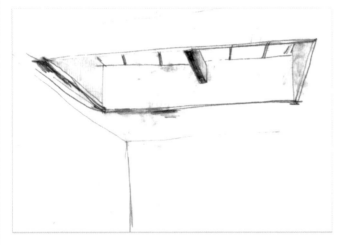

1 在印刷之前制定丝网的印刷规划，确定何处印何种颜色以及印刷中共需要多少种颜色。

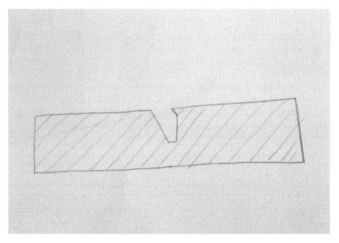

2 在坐标纸或报纸上画出每一个套印的模板，一定要使用较薄的纸张，这样在印刷时墨水可以透过丝网吸住纸张。

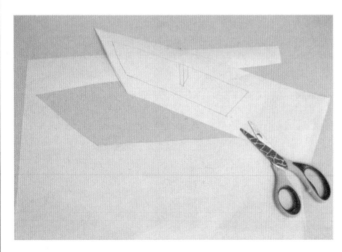

3 使用锋利的刻刀或剪子将每一张模板准确地剪下来。

4 制作混合墨汁。水基质的丝网印刷，可使用丙烯酸颜料。它比油质的墨汁更易于清理。丙烯酸颜料要与等量的印刷介质相混合，这样可以防止丙烯酸过快凝固过快将丝网的网眼堵住。

5 将需要印制的纸放在印刷台上，然后将刻好的模板纸放在上面，最后放置网眼丝板。在丝板上用一个橡皮刷帚将颜料推开。首先印制最浅的颜色，然后逐渐加深；因为浅颜色无法很好地盖住较深的颜色。

6 步骤 1

7 第一种颜色晾干之后，重新把纸放在印刷台上，其上放置第二张模板纸，最后放置印刷丝网。用胶带将模板纸的角部固定。当印刷一种以上的颜色时，这样的方法特别实用。

8 步骤 2

9 重复以上的印制过程，直到每一种颜色都印制完毕。

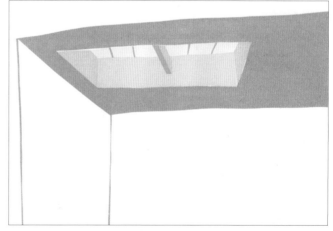

10 最终效果。

逐步进阶：使用透明片的摄影式丝板印刷

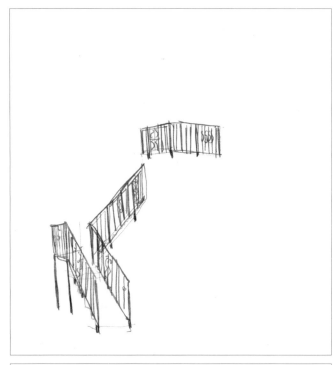

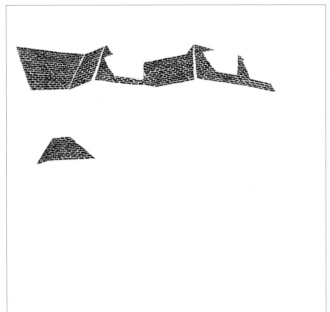

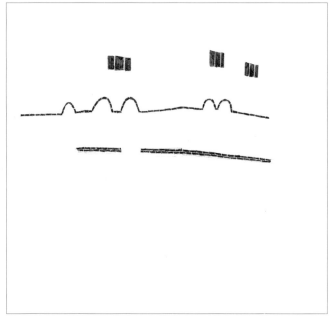

1 选好需要印刷的图像后，把它分成几层，每一层使用一种颜色。黑白对比反差较大的图像比较适合丝板印刷。尽管当图像被曝光时可选择一种特定的色调，但是多色调的选择也很值得尝试。把每一层图像都影印在透明片上。如果有数码文件的话，也可使用喷墨打印机将图像打印在透明片上。

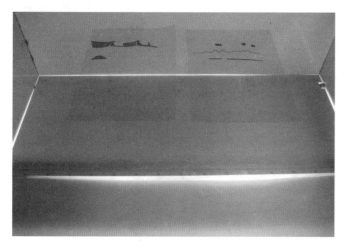

2 准备一张覆盖了一层感光乳胶的丝板，当乳胶变干的时候，图像就会呈现在丝板上面。把打印好的透明片放置在曝光盒上。

3 将丝板放置在透明片上。在上图中可以看到，两张透明片的尺寸正好可以一同放置在一张丝板下面。

4 将曝光盒的盖子盖紧，开始曝光。汞灯的强光会使乳胶变硬，但是黑色的区域（即图像）由于没有受到汞灯的照射，

仍然是柔软的。每一个曝光盒都有不同功率的汞灯，因此在曝光之前要检查曝光时间是否合适。

5 使用高压软管冲洗掉柔软的那部分乳胶，一张印刷模板就制作完毕。墨水可以在压印后通过丝网，从而印制出图像。

6 晾干之后，丝网就可以开始印刷了。这种印刷模板与纸制的模板相比要耐用得多，可以用水清洗数次而不会损坏。每一次的印刷完成之后可以使用一种特制的刷子来清洗丝网。

7 将丝网固定在印制台上，或者也可以固定在桌子上，但是那样的话纸就不能牢牢地固定住了。

8 将要印制图像的纸放在印制台上。大多数的印制台下面都是空的，用来把纸吸在台面上，从而保持印刷的准确性。

9 在丝网上的图像上方放置合适数量的颜料。例如上图中，我们只使用了半个丝板，因为在丝板上有两层，需要分别用不同的颜色印制。

10 使用橡胶滚子推开颜料。第一遍推的时候不要施加太大的压力，仅将颜料推开覆盖住图像即可称之为"漫浸"丝网。第二遍推时可以沿着相反的方向施加压力，这一遍让颜料一次印到纸上。

11 撤掉丝网，在你的纸上可以看到印制的效果。多加练习你将会更加熟练地掌握印制的技巧。

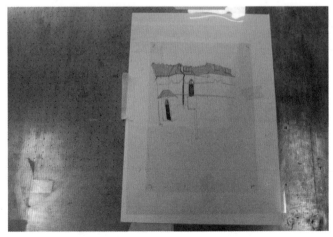

12 第一种颜色晾干之后，第二种颜色可以在它之上印制。将全部欲印刷的图像影印在透明片上，并将这张透明片贴在印制台上可以在印刷中帮助获得准确的定位。在透明片上开始印刷的时候，可以滑动下面的纸张（上面已经印好了第一种颜色），将两层调准。

步骤1

步骤2

步骤3

步骤4

逐步进阶：使用绘图薄膜的摄影式丝板印刷

1 使用绘图薄膜的丝板印刷不将图像影印在透明片上，而是将图像直接画在一种绘图薄膜上，这种透明薄膜带纹理，可在上面使用多种工具进行绘制。在本例中，使用的是炭笔。

如同使用透明片印刷一样，首先将不同层的图像画在不同的薄膜上。

2 如同上个例子中使用透明片一样，把绘图薄膜和丝板一同放在曝光盒中曝光。由于绘图薄膜不是十分透明，所以它的曝光时间较透明片要长一些。

3 当丝网晾干之后，就可以开始印制了。使用这一印刷方式可以获得很多的质感和色调。尝试不同的曝光时间可以得到最好的可能的印刷。

逐步进阶：模型／计算机拼贴

下面的实例中建筑师捷尼克·欧泽明（Janek Ozmin）使用 Photoshop 软件熟练地将模型照片和相关的纹理结合在一起。这一拼贴图画作为空间丰富性的研究，记录了思考的过程，并且建立了一个广阔的空间地形，从而推动研究向更深入细致的城市与建筑方案靠近。

1 基本材料：首先，使用灰卡纸，榉木薄板，黑色的纸（由复印机影印而成），影印的薄板和 1mm 厚的透明塑料制作一个会议中心的 1：1000 的草模。然后，欧泽明拍摄了一系列数码相片。作为部分练习，旨在以数码方式把人物拼贴进模型作为空间研究的一部分。

2 完成第一步研究后，用"旋转画布"命令转动原来图像，重新定位后，用修剪工具朝广场相反方向将画布展开，并用延伸了的竭色背景部分填充空白处。

3 复合空间：用白色将棕色部分遮盖住，这就给石头地面以反射性的质感。最后，加入第二张在较高的视点拍摄的模型照片，并与原有图像的方向呈 180° 角。

4 第一张照片保持不变，将第二张照片设为透明（如上），这立刻就提升了空间的体验，提供了几处视觉的兴趣点。聚焦于中心入口，将第二张照片再次复制，使用喷枪和橡皮 工具将图像的部分元素擦除掉（右图）。将拷贝的图层设为透明可提高第二张照片的视觉冲击力，给整个画面一个前景，不会丢失图面的复杂性。

5 使用一点透视技巧，在多层的复合图画中可生成空间感，注意将深色部分作为图面的中心。模型中的线条延伸出来，将三个平面，两面墙和地面层变成了透视图（上图）。然后将遮盖的平面变为透明的，用来显露出后面的空间（右图）。

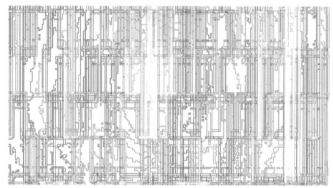

6 材料：选了三种材料加入图画中。水面和石材地面的材质都是在网络上下载的图片。墙面和头顶上的屏幕中的图像提取自一个数字文件中的矢量线条（右下）。在 Photoshop 中使用蒙版工具，将图像应用于本图中，并使用自由变化工具将线条的透视方向匹配到合成图中。注意水的颜色要调淡一些，比原始图像透亮一些。

7 空间纹理：减少蒙版的透明度从而显示出背景的纹理。蒙版的透明度可能需要你回顾原始材料的情况，对于水面来说，它现在已经褪色，不再与画面的其他部分的饱和度存在差异了。

8 光感：最后选中整个图像，使用拷贝合成工具将其拷贝再贴回图中。使用亮度和对比度工具调整图像，使用加深工具将图像中心部分设置为阴影区。这就去掉了之前画面浑浊的感觉。这幅图形成了完成打印前的第一步。

逐步进阶：油画 ＼ 粉笔 ＼ 模型

　　这三件艺术品：一幅画、一张粉笔平面图和一个模型，
表现了此次课题的设计步骤。

1 第一张油画是花园和住宅的草图，绘制在石膏粉胶合板上。油画由泥土色的颜料混合着蜡、胶水以及贝壳和各种纹理，从而暗示了最终住宅室内设计的主题。

2 这张 1∶200 的平面图与一系列最初的上色的草图相关联，它被绘制在涂了一层软质粉笔的热压纸张上，线条使用硬质粉笔绘制，一部分是徒手绘制另一部分是尺规绘制。

3 最后的图像是研究模型照片，表现了花园布局的高差上的变化。

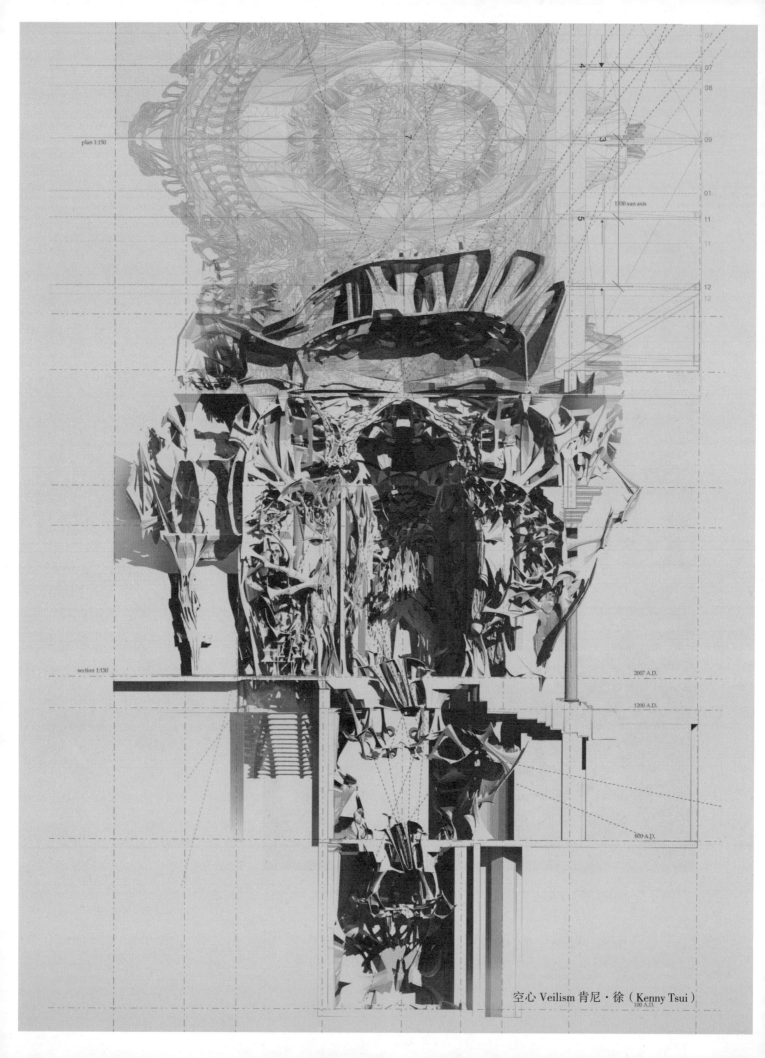

plan 1:150

07
07
08
09

4
3

01

1330 sun axis

11
5
11

12
12

section 1:150

2007 A.D.

1200 A.D.

800 A.D.

空心 Veilism 肯尼・徐（Kenny Tsui）

100 A.D.

第二章　类型

第二章　类型

简介

建筑绘画结合了个人表达和信息与思想交流的传统。第一部分描述了如何研讨绘图技巧意在表现设计方式，即从绘图方法说反映项目种类被描述的理念。它强调混合介质的使用，整合手绘与数字技巧绘图，从而保证设计过程的多样性。第二部分将会探索绘图的种类，认为某一项目适合使用某种绘图技巧，同样建筑思想可以通过某种特别的绘画类型充分表达出来。

第二部分包括了普通的建筑绘图类型——正交图（平面、剖面与立面）；平行投影图（轴测投影、等轴投影、正二测投影和正三轴投影）、透视图（一点、两点和三点透视）。这一部分也介绍了简单的数字建模技巧的总览和新兴的手绘数字绘图。

在绘制这些标准的图纸之前，要先有一个关于剖面的草图。草图与其他类型的图纸不同，它是所有设计构思的检验标准；它是观察、回顾与设计推进的主要工具。

下图
这幅铅笔速写表现不同力度的线条是如何抓住对著名的威尼斯景观的瞬间印象的。

前两段包括平面、剖面和立面，探索了这些二维的正投影图在当代的设计过程中一直拥有的中心作用。这些图画仍然是设计建筑过程中的根本所在：通过想象将这些二维图形整合在一起，理解它们的相互对应关系，保持一份有创造力的训练，对于建筑师来说是至关重要的。

这些传统的绘图方式，和充满活力、经过渲染、能直观化复杂的建筑形式的数码模型比起来，如今可能显得无生气，甚至刻板乏味。在这些模型中，平面和剖面图可通过切割直接生成。但同时，这些正投影图是严谨的，作为思考设计的工具它们能够提升关于设计主旨的思考，而不仅是它最终的形象，最终形态是用基于对象的软件优先处理的。

与一个已完成的渲染模型不同，平面图和剖面图是依赖其他绘图以便充分被理解的绘图，而它们本身不是必要的审美客体。作为"传统绘画"，它们可能与草图或其他三维的手绘图同类，或者是表达设计过程的手绘图纸。

这些过渡式绘图与图解式的绘图在性质上不同，它

们激发着创造过程的可持续性，从思考到绘图再到反馈的循环过程。与此相反，图解式绘图本身就是一个结束。

设计者仍需具备将二维的绘画转变成三维的能力。但同时，由于建模软件的超强的三维建模能力的出现，设计师本身的这种能力逐渐被忽略。输入三维对象每一部分的信息，数字模型即可生成，包括平面与剖面也可随后在模型上"切割"而得到。

这一过程改变了经典设计过程表现的形式，开辟了新形式产生的可能性。过去我们规规矩矩地绘制正投影图，而现在通过三维建模软件，我们可以将建筑师脑中抽象的图像更直接的转化为三维形式。数字建模促进了形态想象，在这里建筑的外形与表皮，结构与全部的主体都能够很容易地被形象化，数码制模维度上协调一致，同时还能产生纹理、光亮和阴影的直接视觉印象。

虽然电脑绘图增进了从依赖更多的传统绘图方式的思维成规中摆脱出来的意识，但它们也有着自身的局限性。此处的解决办法是不要鼓励某种绘画凌驾于另一种之上，而是鼓励传统绘画与新的绘画类型之间的互动，从而实现数字绘图与手工绘图之间更有创造力的对话。

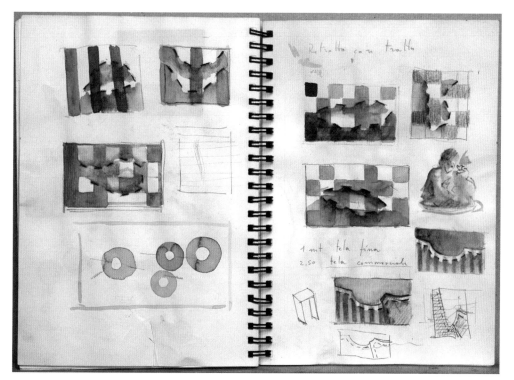

左图
马里奥·瑞西（Mario Ricci）的速写本，使用铅笔和水彩去构思一种绘画与雕塑的概念，这一个概念其后就成了更大的绘画和雕塑的主题。

小窍门　速写本

建筑学专业的学生应该随身携带速写本，对学生和建筑师来说，它是一种珍贵的过程纪录。

草图

这一部分是关于建筑师的草图以及它们的使用。草图可以粗略地分为两大类。第一类是记录性草图，简单记录个人周围事物的视觉经历。这些草图或多或少都是真实的。第二类是想象性草图，这些草图来自我们对于想象力的表达。它们可能各不相同，从荒谬的涂鸦到快速的线条组合，来综合一个整体设计或概念，即一幅体现某一方案的整体意识的绘图。

两种类型的草图都很重要，虽然对于建筑师来讲，草图能力并不是天生的，但这种视觉表达的责任对于建筑师来讲仍然是一项重要技能。观察性速写与图解式的草图是不同的：一幅优秀速写不一定是描述性的，确切地说，它可能有关选择和分析，就如一种精确的视觉记录，

以其对细部的抽象而补充摄影分析。观察性速写强调对我们所看到的事物、对空间和结构的布局、规模、光线、色彩和材料的看法，从这种意义上说，天生的绘图才能并不如专心致志的"以绘图来思考"的做法那么重要。

两种类型的草图经常会与图解式的草图不同但却相混淆，最常被提到的图解草图是"概念草图"，经常出现在设计的开始阶段。与图解一样，这种绘画可以以一种相反的方法用图来表示。概念草图实际上是一种现代创新，它源自文艺复兴建筑中使用的术语"concetto"。但与其过去所指的文本与图像的组合相比，今天的概念草图更倾向于指视觉图示与简单化的内容，而不是concetto一词所指的概念与图像的综合方法。"概念草图"则倾向于

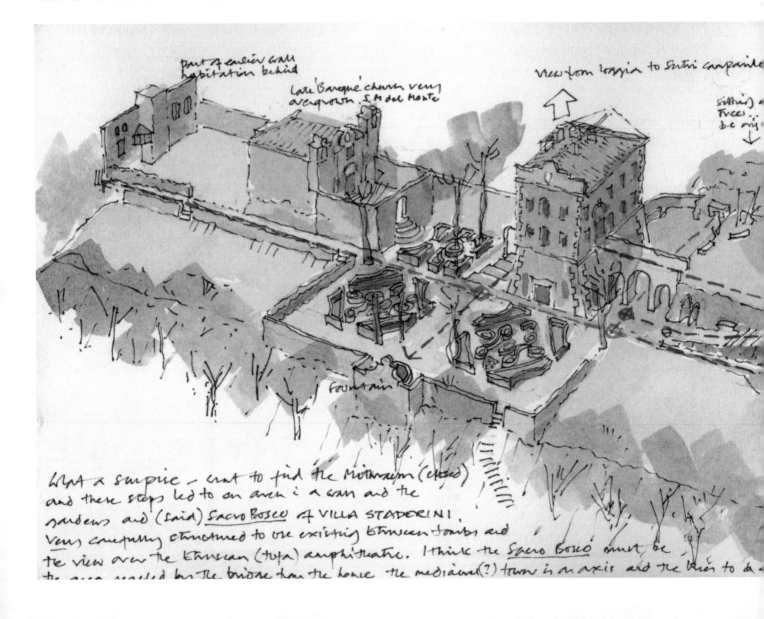

将两者分开。

　　按上述说法两种常见的绘画类型——概念草图与图解不是本节所要讨论的中心内容，这里我们更关注在设计之初建筑绘图尤其是草图的创造性潜能，快速的绘画能够表达思想，并推进对于建筑方案的整体理解。速写本是建筑师记录思想的传统方式。现在依然有价值。这里艺术家马里奥·瑞西（Mario Ricci）和建筑师彼得·斯帕克斯（Peter Sparks）的速写本使用铅笔、墨水和水彩将观点以图解的方法叙述出来，使得速写本变成了思想领域的东西，有可能会进一步发展成绘画与模型。

下图
建筑师彼得·斯帕克斯（Peter Sparks）技巧高超的水彩草图，轴测图，意大利的斯戴德瑞尼别墅（Villa Staderini）描述了这种绘图如何有效地用来分析一种复杂的地形。

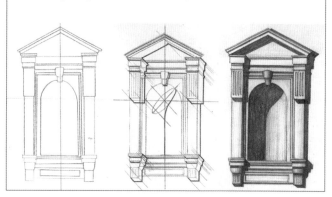

小窍门　投影法

　　简单的投影能够通过阴影形成形状。使用来自同一个方向的光源，投影角度为 45°～60°。

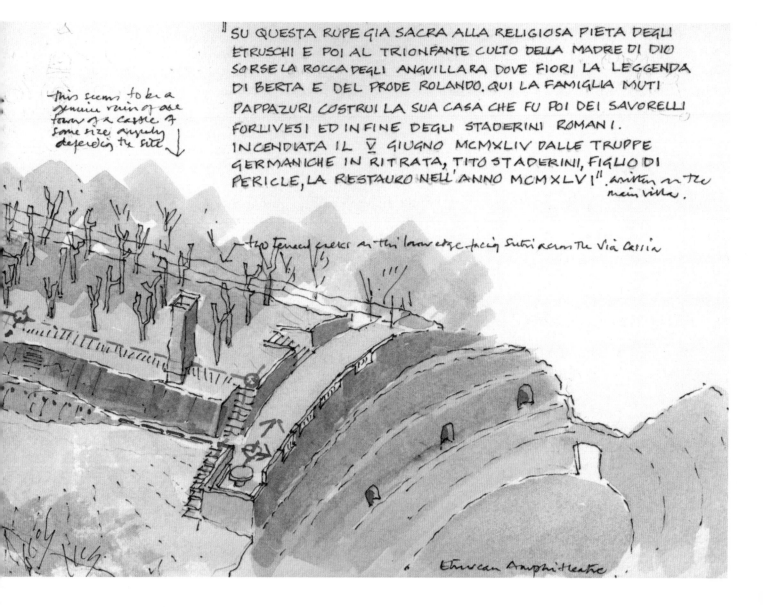

this seems to be a genuine ruin of one town of a castle of some size anyway defending the site ↓

SU QUESTA RUPE GIA SACRA ALLA RELIGIOSA PIETA DEGLI ETRUSCHI E POI AL TRIONFANTE CULTO DELLA MADRE DI DIO SORSE LA ROCCA DEGLI ANGUILLARA DOVE FIORI LA LEGGENDA DI BERTA E DEL PRODE ROLANDO. QUI LA FAMIGLIA MUTI PAPPAZURI COSTRUI LA SUA CASA CHE FU POI DEI SAVORELLI FORLIVESI ED INFINE DEGLI STADERINI ROMANI. INCENDIATA IL V GIUGNO MCMXLIV DALLE TRUPPE GERMANICHE IN RITRATA, TITO STADERINI, FIGLIO DI PERICLE, LA RESTAURO NELL'ANNO MCMXLVI". written on the main villa.

two terraced creeks on this lower edge facing Sutri across the Via Cassia

Etruscan Amphitheatre

案例研究：草图

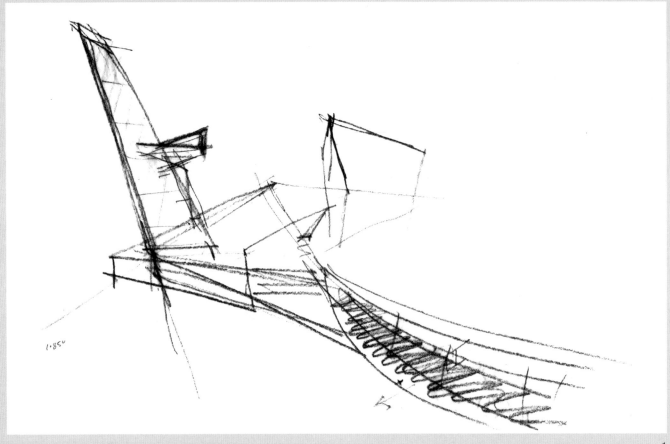

1

1. 埃里克·帕里（Eric Parry）早期的铅笔草图"伦敦萨色克大门（Southwark Gateway）"。不同于概念图解，示范地表达了一个项目的早期草图如何能体现概念的层次，在这张画中，第一层次是空间的安排：一个硬质景观的透视首先抓住了空间感，可以抵制街道家具的语言，以及这一区域混乱的栅栏与交通的典型状态。第二层次是关于更多的形式结构，表达了一段矮墙与倾斜指针的设计概念。这些与城市景观有关。最后这张草图甚至在指针的流动中暗示了景观元素选用的材料（石灰石），在某种程度上草图依赖线条本身的力度。这些思维层次合在一起形成一幅具有真实尺度和秩序感的综合草图，这个草图在其后，

从城市规划到细部把握设计的整体性被加工和再加工。

2，3. 艾德瓦尔多·苏托·德·莫拉（Eduardo Souto de Moura）（右上）和阿尔巴罗·西萨（Alvaro Siza 右下）的钢笔透视草图，使用简单的线条去捕捉与周围景观尺度相对比的建筑的形式特点。如同上图中厄里斯·帕里的草图，这些快速的草图强有力地建立了一种能够反应环境文脉的形式方案。尽管这里线条重叠和透视运用相对随意而变形，但是建筑轮廓清晰、入口明显，使得画面有一种真实感。同样清晰的规律是建筑师对细节的精益求精的态度以及他们的建成项目的材料质量的追求。

2

3

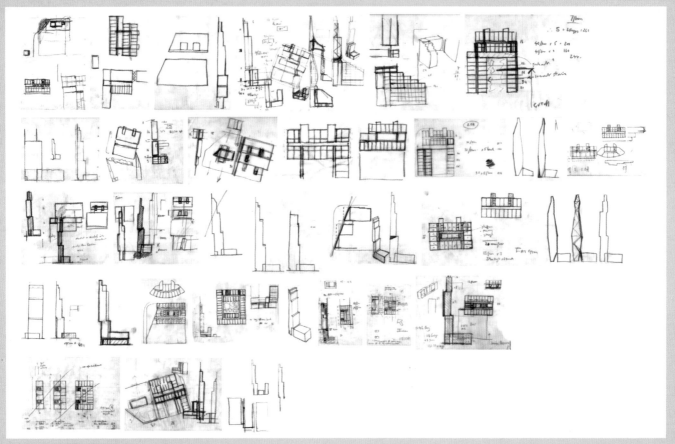

4

4. 帕里和苏托·德·莫拉前面的画（第92—93页）不是像在这儿呈现的独立的绘画，确切地说，它们是设计发展的一部分，还包括其他的草图、模型与正投影图。这里呈现的一系列图是伊恩·辛普森建筑事务所（Ian Simpson）的工作草图。建筑师伊恩·辛普森具有出众的能力，能将早期的富有创造力的草图发展为最具商业性的项目。这里一系列的探索性的草图，追踪了最基本的CAD指导绘画，显现了建筑层数和基本的建筑宽度。这些草图的目的是研究怎样使曼彻斯特的毕森希尔顿塔楼的造型更加合理。

每张草图都使用铅笔画在软的描图纸上，用时约1分钟，整个研究过程都是在图板上进行，用时约1小时。后来被扫描收集合成在一起供其后几天的内部评论和设计发展。

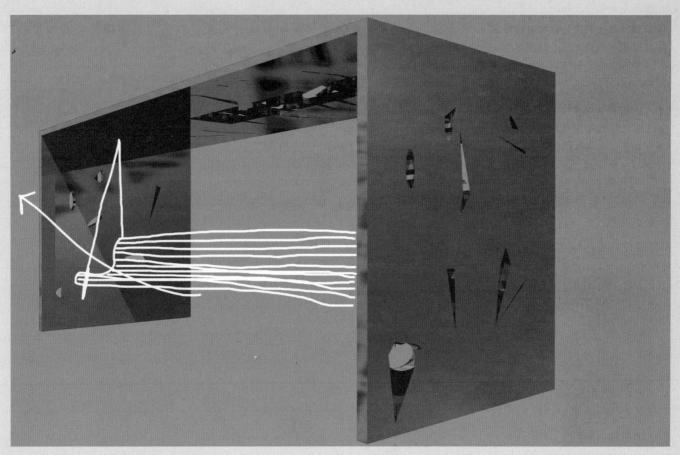

5a

5a，b. 在这个花园家具的概念研究中，艾尔索普（Will Alsop）表达了对于新类型的花园家具的设计思考。这两张图表现了速写本的草图怎样结合简单的数字模型。成果图将最初的草图深化，因此表达了材质和颜色及尺度感。同时，保持了手画的秋千座位的线条，电脑图像保持了设计过程中的开放感和流动性。速写本和计算机模型交替使用效果很好。

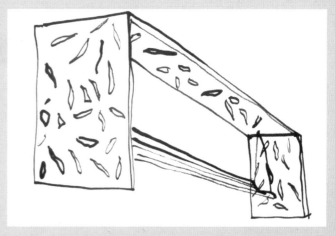

5b

小窍门 平面图绘制惯例

- 绘制出剖切面以下的任何能看见的东西（一般是在距地面1米左右的高度剖切）。
- 使用较粗的线条将剖切到的部分区分开来。
- 没有剖到但是可以看到的部分，应该用较细的线条绘制。
- 在剖切面以上的重要的建筑构件（看不到的部分），要用虚线绘制出来。
- 下面的楼板挖空的部分用十字线绘出。
- 上面的楼板挖空的部分用虚线绘出。
- 楼梯上的箭头指向上的方向。
- 楼梯跟墙一样，也被剖切面所剖断。
- 门绘制为开启状态。

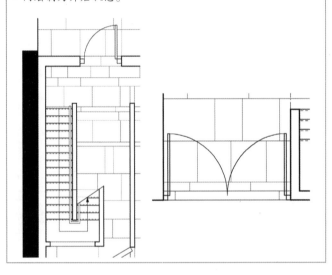

平面图

平面图是一种基本的建筑制图类型。它是一种基本的组织方法。因此，它是大多数项目制图的重点，通过平面图建筑能够最易被读懂。同时，尽管平面图很重要，但它只是最终详细描述一座建筑的整个绘图中的一部分。

从技术上来讲，平面图可以被描述为某一个位置的水平面的正投影图。这个面的位置和图纸的比例能够生成很多种的平面图类型，从景观到细部。平面图的比例很重要，不仅决定被描述的细部的水平，而且决定绘画的风格。例如，其目的只是传递信息的一幅细部图，可以用线条绘出来，而一幅城市或景观平面图，可以绘出来以表示地形信息或者要是城市则表示其内外空间。平面图的比例和绘画技巧一起在决定所传递的信息时可将起到十分重要的作用。

在大多数的项目中，平面图可能被描述为一个"中枢"；相关的元素都以其为转移，其内部的元素激起了一系列空间的研究。如果平面图存在问题，不仅内部的全部结构设计要变动，而且其他的图也必然的跟着一起修改。

建筑平面表达的是比楼面高出一些的，与楼面平行

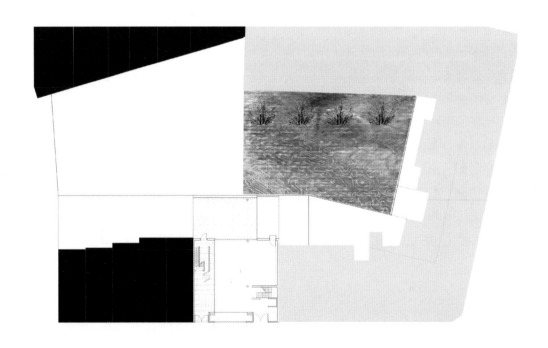

的平面剖切得到的正投影图，所以它看起来处于楼面的正上方。支配建筑平面图的常规中，最重要的是绘图风格和线条的粗细。平面绘制的主要目的就是交流信息，一个平面中最重要的要素是它剖到的那个竖直面。这些可以用较粗的线条或通过渲染切墙内面来表现。所有其他的在下面的可见的线都是用较细的线型绘制，建筑中一些较重要的部分如果出现在剖切面的上边，（例如楼梯或顶棚平面图）也要用虚线将它们绘制出来。

与传统的支配建筑平面图相比，其他种类的平面绘图使用了很多探索性的技巧，唤起了它们在整体建筑概念三维发展中所起的作用。其他种类的平面草图是自发的并能捕捉到平面布置的本质。这种草图是存在某种欺骗性的——尽管它能够被快速绘制，但它仍然需要通过观察、测量和绘制现有的空间来真正地理解空间的维度，并使得测量草图保持真正的价值。

小窍门　比例
最重要的，平面图应该清晰地传达信息。总以一种特定的比例来绘制平面图（或在 CAD 中以真实尺寸绘制）。常用的比例包括 1：10000；1：2500；1：1250；1：500；（景观／城市环境）1：200；1：100；（整体建筑）；1：50；1：20；（单个房间／细部）1：10 和 1：5（细部节点）。

对页图
这张总平面图通过画出环境的轮廓来区分建筑与环境（左边）。或者，也可以只渲染外部空间而不是同时渲染内外空间（就像平面右侧的画法一样）。

下图
线条力度区分出平面图的要素，如墙体。墙体可以使用较粗（如左边的平面）或涂实的线型（如同平面右边所使用的线型）。

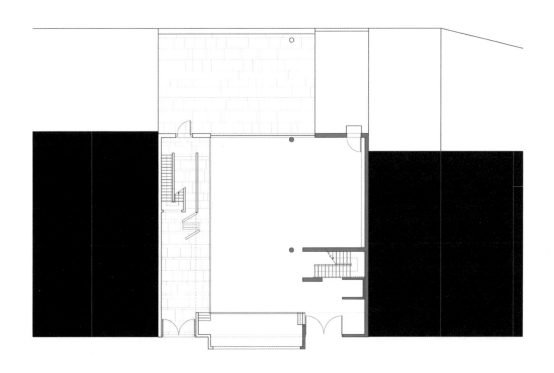

案例研究：平面图

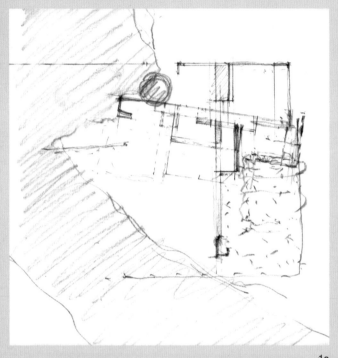

1a

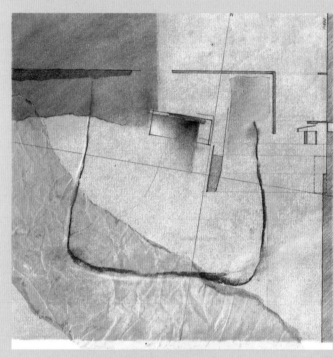

1b

1a. 菲利普·梅多克夫特（Philip Meadowcroft）绘制的某住宅平面草图是平面概念设计创新最好的实例。这里有两张平面图。第一张是使用软铅笔画在拷贝纸上表达性草图。它反映了建筑师最初的空间布置概念被转译为最初的视觉形式。这里有一连串精彩的线型，从纤细的线条到较为粗犷的线条，细线代表了开敞空间或是透明的材质，肯定的边界标明了质量和结构。在这个平面中我们可以读出思考的层次，从壁炉尺寸的明确表达到其在景观中的位置。不同的线条力度和各种密度，说明了在抽象平面图的惯例

中的一种复杂三维思考过程。尤其具有技巧的是这个表达性的平面保持了一种清晰的尺度感（1：500），这是读懂本平面图的关键所在。

1b. 在其后绘制在彩色坐标纸的平面图中，精确性得到了进一步加强。这儿的图呈现出一种材质感，以便把景观的重要性反映到整体策略中去。从淡黄的中等色调平面，此图利用了色彩和纹理（纸面的皱纹和淡柔色调）来区分背景色调，并暗示地形变化。使用尺规绘制并绘出阴影的墙体更加肯定，同时，绘出阴影的墙体的精确性和粉笔的

徒手线条与纸张的手撕边缘的随意性形成了强烈对比，传达了一种人工环境与自然环境的对比的感觉。

2. 本·考得（Ben Cowd 莎拉本工作室）。太阳地形：气象台。详细平面图，使用激光切割水彩纸绘制，罗马气象台平面图，比例1：100。气象台俯视旁边的罗马城的古代废墟，关注于永恒空间与形式的玄妙体验。这幢建筑通过全年光影变化追踪着时间的脚步，从而成为永恒的时钟与日历：台阶象征着日期与月份，石头象征着分钟和秒钟。

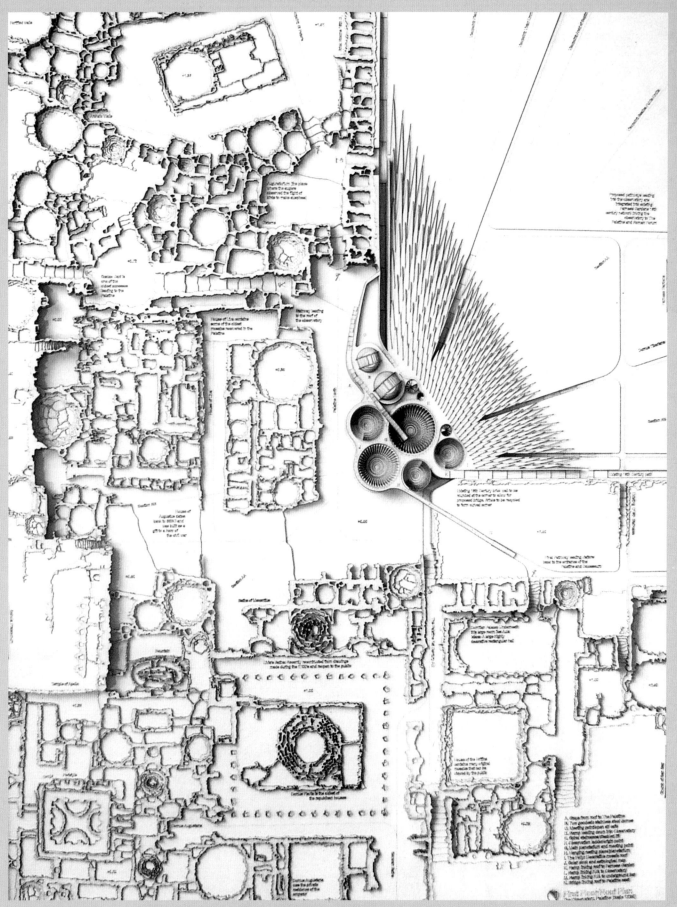

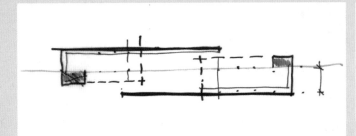

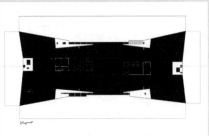

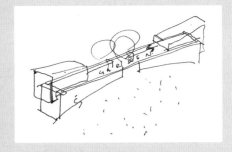

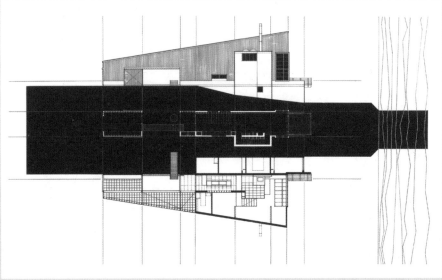

小窍门　虚线

在平面图中虚线表示在平面视野之上的重要元素。十字交叉的虚线表示空洞。

3

3. 麦凯·里昂（Mackay Lyon）的绘图（右上和右下）表现了一个不同种类的平面，但同时也是相似的早期的草图的进一步发展成最终绘图和建成形式（左上和左下）。建筑师的希尔住宅（Hill House）平面（右上）和霍华德住宅（Howard House）平面（右下）都非常有趣，简单平面组合，黑白翻转，并与立面和剖面结合在一起。这些组合图形非常生动有趣，平面各层随着剖面绘制逐渐展开，其中一些图是旋转的。由于这种有力的构图法，此图从远处吸引人们的注意，并且像引人入胜的作品引发细致的研究一样，它提供了更多的信息。单一的色调和规矩的布图使得这个大胆的策略显得十分得当。

4a,b. 建筑—技术（Archi-Tectonics）事务所设计的位于纽约州北部的克罗顿水库（Croton Reservoir）的吉普赛悬垂住宅（Gipsy Trail Residence）的平面极好地表现了设计意图。平面的形式呼应了湖边的岩石景观，通过一个"生产核心"——骨架，将住宅的厨房、浴室、壁炉、采暖与空调系统以及一个中央音响系统整合在一起。透明的图层、透视与正交的平面结合在一起传达了图层相互依存的概念（墙—玻璃—屋顶—玻璃—骨架），高效地使用（骨架作为基础核心）和流通的途径（室内外、太阳能）唤起一个三维的平面，形成一个有信息量的富于暗示的景观，清晰明了。

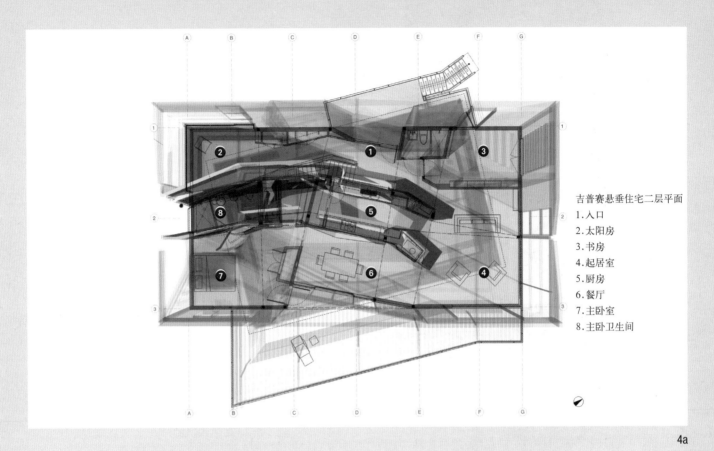

吉普赛悬垂住宅二层平面
1.入口
2.太阳房
3.书房
4.起居室
5.厨房
6.餐厅
7.主卧室
8.主卧卫生间

4a

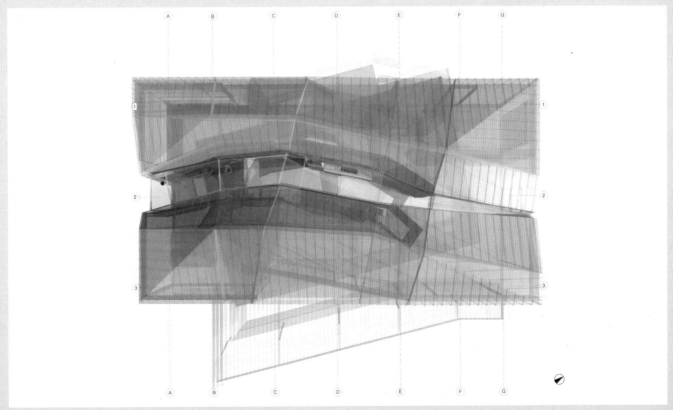

4b

5. 扎哈·哈迪德建筑事务所
(Zaha Hadid Architects)，伊斯坦
布尔 Kartal-Pendik 总体规划（见第
119 页和 185 页）。总体规划使用微
细的色调与阴影来区分现有的与规划
的区域。

6. 莎拉·莎菲（Sara Shafiei）
和本·考得，莎拉本工作室。这些是
一个商场的平面，部分绘制部分使用
激光切割水彩纸建模。这种方法生成
的阴影给人以丰富的空间感。叠加的
线条图清晰地传达了其他的信息，这
一部分平面与整个方案相关。

5

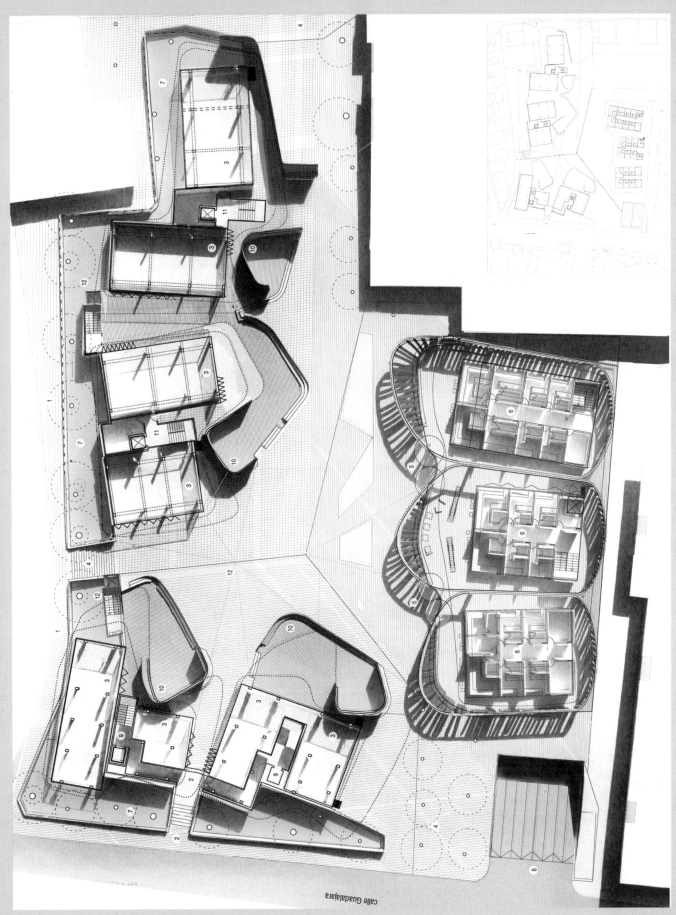

calle Guadalajara

逐步进阶：SketchUp

　　常见视图可由 CAD 模型直接获得。本例提取了 SketchUp 的简单模型的相机视图、轴测图、鸟瞰图、立面图、屋顶平面透视图、屋顶平面图、剖面图及剖透视图。所有 CAD 软件都具备类似功能。

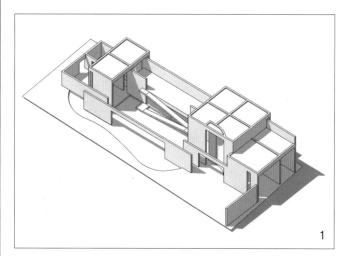

1

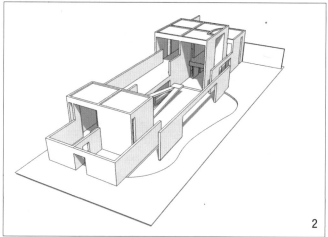

2

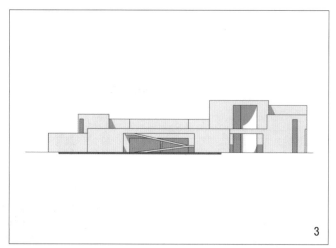

3

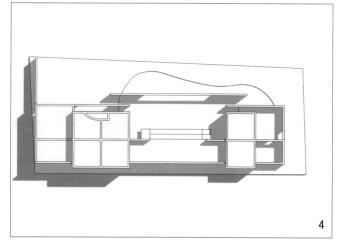

4

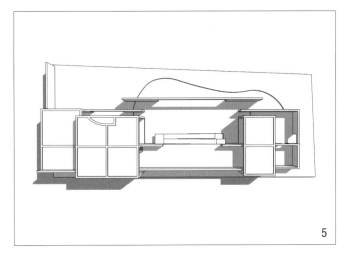

5

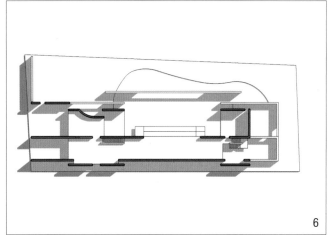

6

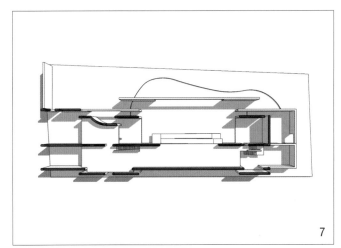

7

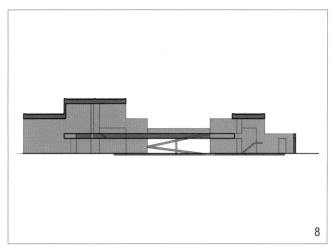

8

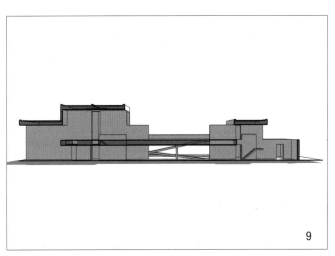

9

所有视图处于阴影打开状态：

1 轴测图
2 鸟瞰图
3 立面图
4 屋顶平面图
5 屋顶平面透视图（高视点）
6 平面图（中段）
7 平面透视图（中段）
8 剖面图
9 剖面透视图

剖面图和立面图

剖面图可以成为非凡的图。如同平面图，它们可以是抽象的信息承载者，显示房间的高度、地板厚度和建造细节。然而一栋建筑的剖面图也反映了一系列相当特殊的条件：剖面图提供了建筑的竖向特征：它显示出建筑如何与地面以及天空相连。超过任何其他视图类型，剖面图揭示了建筑如何采光，描述了外墙的厚度及透明度。建筑内部也通过表面材料、深度、通道和过渡空间被剖面图表达出来。一张剖面图首先是一份重要而基础的图形：在一份整洁的图纸中，剖面图可以成为揭示空间组织的最有力的图形。

和平面图一样，剖面图也是正投影图，不过是从竖直方向形成。要获得剖面，可以切开贯穿建筑的任何地方，但通常选择重要的空间来表达。室内立面将出现在楼板之间，并且当剖切线全部或局部位于室外时外立面将呈现出来。

剖面图通常比平面图提供更精巧的描述，部分原因是由于剖面中出现了立面，另外的原因在于剖面是描述光线如何在建筑中活动的关键图形。对室内外光照条件

下图

Alsop 建筑事务所的引人注目的立面渲染图充满了色彩。投影有助于表达正立面的深度，单色渲染的地面和背景也强化了这种图形模式。

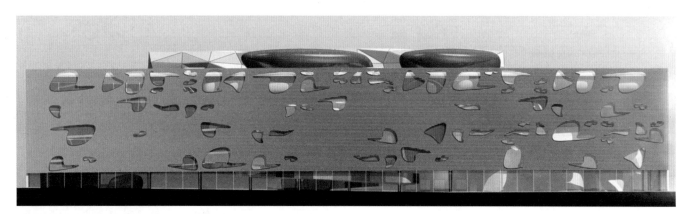

及材料肌理的描绘使得剖面图传达了设计方案的真实感。

剖面图对环境的表达程度取决于图形的比例。一张大比例的剖面图能够描绘出建筑与整体景观或城市的关系。剖面图描绘的景观虽然使地面变化成为亮点，但除此之外，这样的剖面图并不是描述园林或景观环境的最好图形。另一方面，描绘了城市环境的剖面图可以成为重要的关键图形，因为它显示出了室内外空间的比例与尺度，以及建筑各个竖直界面是如何界定公共与私密空间的。

剖面详图是传达建造与技术性能的根本，这类图形注重信息的明晰和精准的线宽。

小窍门　剖面位置
剖面最好放在图纸的底部，不要在它上方绘制任何内容；它应该反映地面到天空的过渡。

下图
埃里克·帕里的剖面图由铅笔、钢笔和水墨完成。巧妙地利用水墨描绘出景观、光和阴影。光影帮助确定了正立面的深度与形式。

小窍门　剖切位置
剖切位置的确定对剖面图至关重要。选择剖切面穿过重要空间而不是结构或次要空间。

案例研究：剖面图和立面图

1

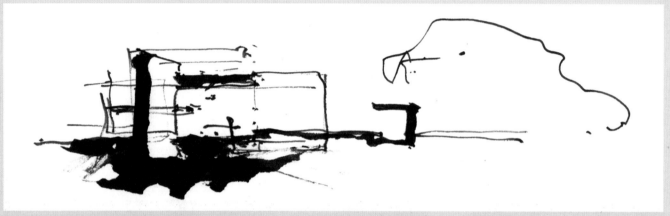

2

1. 上图中的剖面图来自伦敦建筑师菲利普·梅多克夫特（Philip Meadowcroft）。这两张图都是快速草图，将想法直接转化成纸上稍纵即逝的线。在第一张铅笔草图中尤为突出的是如此有限的一组线条如何强有力的勾勒出一个剖面构想。它描绘了一个插入了建筑的阶梯状景观。一个花园，由一面深色的墙（或树篱）限定，构成了一个有围墙的花园。不过是一系列剖面构思，它们描绘了一个花园的竖向空间，景观设施的光与材质。

2. 建筑师布肖·亨利（Buschow Henley）发明了一种摄影蚀刻技术打印 CAD 图像，即按飞尘程序蚀刻。这种图像所具有优美的、柔软的质感是无法直接绘制出的。

3

3. 同样打动人的是契天（Chetham）音乐学校的剖面，该项目位于曼彻斯特，由斯蒂芬森·贝尔（Stephenson Bell）事务所设计。这些图尚在绘制过程中，但揭示了整个设计周期的某一阶段。首先将过程草图和 Microstation 图形合成以推敲三维方向的组成与比例。进而导入 Photoshop 以检验材质、光和阴影。

4. 霍德（Hodder）联盟设计的牛津圣凯萨琳（Catherine）学院的方案立面。利用 Photoshop 拼贴出的方案剖面成功地反映了建筑的环境。这类图像的有效性主要依靠使用滤镜和蒙板淡化了环境图像。

4

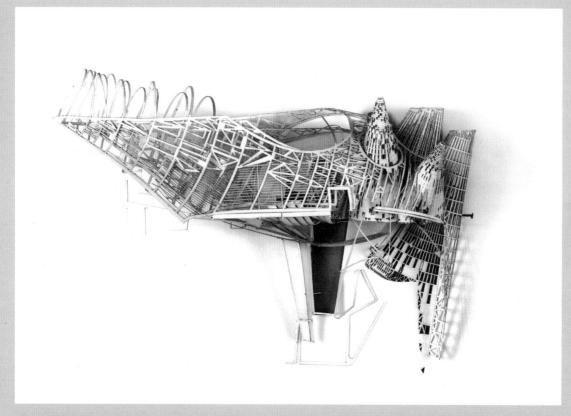

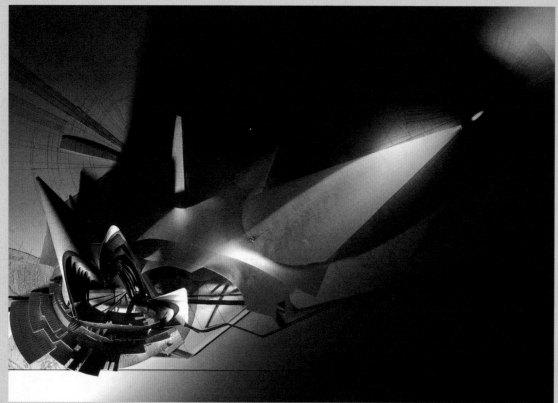

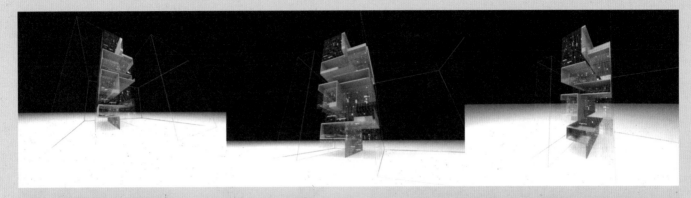

6

5.莎拉·莎菲和本·考得(Saraben Studio)。魔术师剧院，国家植物园，罗马。立面与剖面研究。

介质：描图纸／手绘图

6.建筑—技术(Archi-Tectonics)事务所设计的位于纽约翠贝卡(Tribeca)区 Vestry 大街住宅填充项目的剖面透视，显示出剖面如何发展成为表达特殊设计构想的关键工具。该项目的造型是对沿街的不同高度建筑的回应，同时表达退台与悬挑两种体量的重叠。图中通过一系列透视描绘了在剖面中褶皱的楼板作为透明固体平板如何构成了立面。

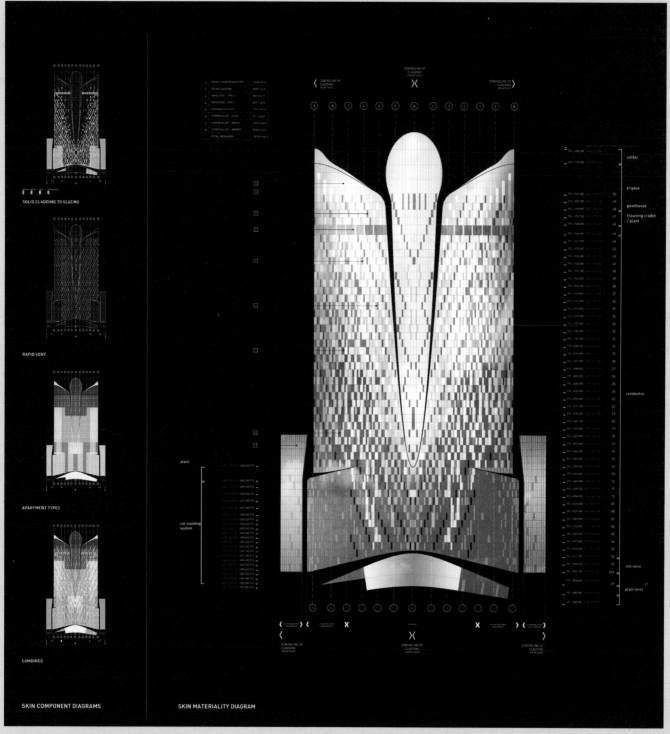

SOLID CLADDING TO GLAZING

RAPID VENT

APARTMENT TYPES

COMBINED

SKIN COMPONENT DIAGRAMS

SKIN MATERIALITY DIAGRAM

7a，b. 伊恩·辛普森 (Ian Simpson) 早期的研发图同样具有创造性。它显示的是平面呈卵形的塔的立面展开图。原有的立面是用 Vectorworks 绘制而立面展开图是由人工计算和绘制的：这个阶段 (2004 年) 的 Vectorworks 还不具备自动展开表皮几何图形的能力。基本的色彩在 Vectorworks 中使用后期色彩添加并在 Photoshop 中增加反射。

轴测图和等轴测图

轴测图是创造三维建筑图像最常用的图形之一。等轴测图、正二轴测图、正三轴测图属于轴测图的不同类型，它们共同构成了一组被称为平行投影图的图形。这些是三维图形，使用正投影方式形成，物体上所有的平行线在图中仍保持平行。用平行投影绘制的物体，不会像缩退时那样显得变大或变小，而且线条长度仍然保持维度的准确性。

等轴测图形成于当物体旋转到它的三个坐标轴与图纸平面夹角都相同时，使建筑或空间边界的夹角呈120°。由于等轴测图可以按照任意比例绘制，因此它能够以预计的大小展示。在建筑制图中，通常某一个坐标轴是竖直方向的，另外两个则与水平线呈30°夹角。大多数建筑图采用向下观看的视点绘制，（尽管细部与屋顶可能最好被向上看）平面按照被打开的状态呈现并被从90°到120°的视角方向观察。这对于反映室内的绘图是有利的，

下图

这些图解是帕特考建筑事务所（Patkau Architects）为加拿大温尼伯的马尼托巴大学艺术和设计、音乐中心创作的。两处都用软件AutoCAD制模、用VIZ渲染和用Photoshop来强化。这六个大而可变动的主要空间均以彩色显示，而辅助空间则为灰色，为了描述整个建筑中主要空间的布局，此建筑以透明立方体形式表现，其中的主要空间则着色显示。

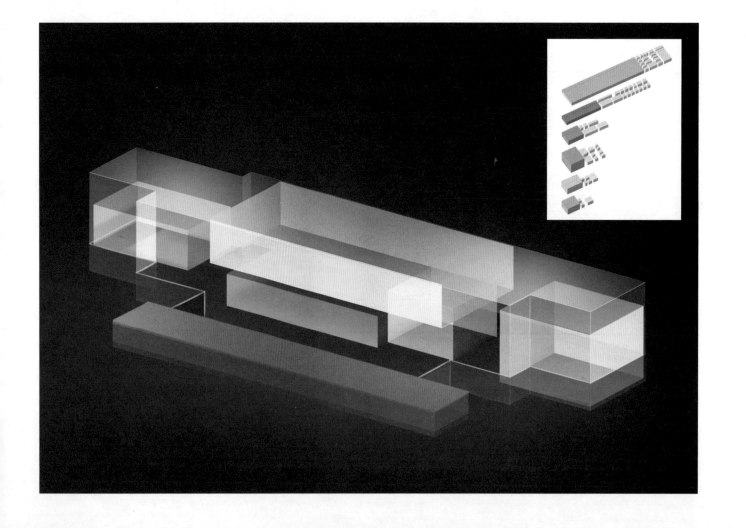

而对于其他情况则显得相对死板，因为它需要将三个可视面同时强调。

在建筑中，轴测图这一术语是指由平面生成且有比例的投影。如同等轴测图一样，轴测图也是由平行投影生成的一类图形：在轴测图中，平面要素沿垂直方向投影，并与在平面图中的比例一致，而平面图事先被旋转到预计的角度。平面图中位于前面的墙体可被略去或只投影一部分，这样形成的切开的轴测图可以显示出由于采用整体投影而被隐藏的内部。剖切绘图对于描述联系建筑不同高度的空间序列或叙事是一个有用的工具。

正二轴测投影并不是标准投影，因此目前已很少使用。然而对于现代派来说，由于正二轴测投影角度的灵活性使它成为常见的图形。在正二轴测投影中，可以通过改变坐标轴的比例及观察角度调整图像，这种非对称调整可纠正死板的投影导致的不可避免地视觉失真现象。在正二轴测投影中，坐标轴与图面形成的三个夹角有两个相同而另一个与它们不同，因此两个坐标轴采用相同

的缩小比例，第三个（垂直）方向的比例单独确定。因为需要采用比例因子并调整两个坐标轴与图面的夹角，这为正二轴测图的绘制带来了一定的复杂性，然而这种灵活性也是其他轴测图所不具备的。这种图形相对简单，提供了灵活多变的观察角度，因此也普遍出现在电脑游戏中。

三类图形中，最少使用但最具有灵活性的是正三轴测投影，它的三个坐标轴采用不同的缩小比例，具体由观察角度来确定。采用这种附加缩小比例的图纸为建筑构思表达带来了不必要的复杂性，因此通常被其他的轴测图形取代。

下图

凯瑞·巴特勒（Garry Butler，Butler&Hegarty 建筑师事务所）通过仔细观察和精心复原，深入地理解了木材节点。这些现场绘制的轴测草图十分精彩地表明这类图形（与平面草图和剖面草图一道）可能是理解此类复杂细部的唯一途径。

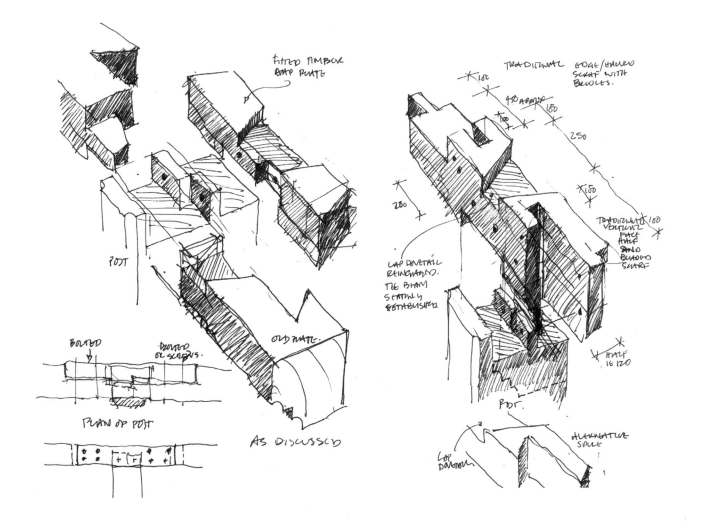

案例研究：轴测投影

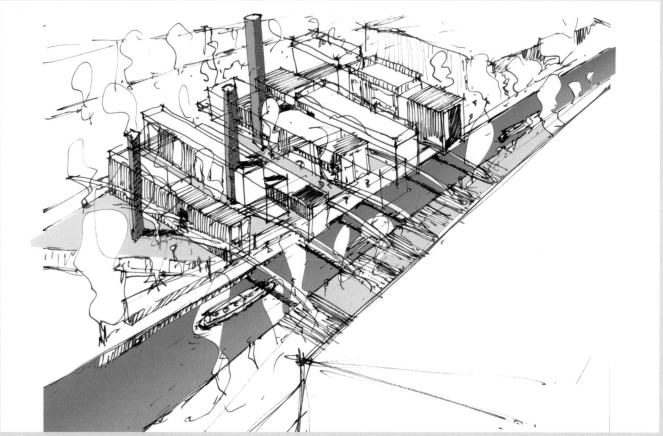

1

1. 这张由凯尔·亨德森（Kyle
Henderson）绘制的等角轴测草图描述
了这种投影图在表达其环境的整体理念
方面多么有用。钢笔线条不仅显示了建
筑的形式，也显示了足够的细节以区分
不同的材质。环境的细节描绘得不多，
但建筑形态与一系列的桥之间的关系被
清楚地强调出来，在桥下的河道上，每
一座桥梁都投射了清晰的阴影。草图经
扫描并在 Photoshop 里填色后层次更
加丰富，用来讲述建筑之间穿插的景观、
花园以及外部空间。这张等角轴测草图
表达了建筑的整体构思，并由于坐标轴
在此类图中的分散布置，使得建筑之间
的空间可被瞥见。

2

2. 通过对比，这张由埃里克·帕里完成的著名的物理学家别墅草图进一步研究了拼贴、铅笔、墨水和粉彩。本图采用了简单的等角轴测投影。与黑色的外部石柱相对，神秘的内部看上去像是吸收了草图中周围景观的光线。对比的技巧在这里很重要，粉彩和软铅随距离而自然的淡出，并使建筑仿佛融入其中。在此图中，构筑物同景观、光亮同阴暗，以及那些安排有序和其他更为开放而任凭解读的元素之间，有着一种极佳的平衡。

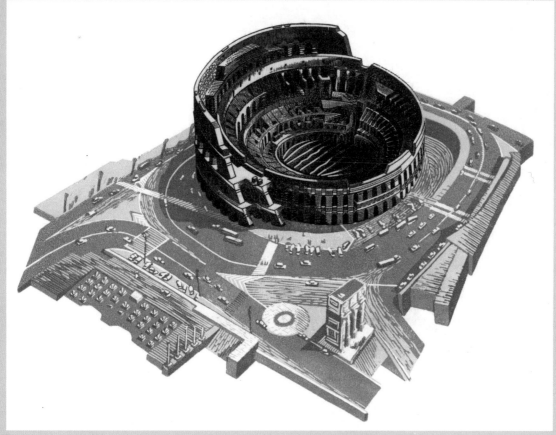

3

3. 受一张旧明信片启发，艺术家安妮·戴斯梅特完成的"罗马的片断"描绘的是一处城市环境的轴测投影，旨在显示处于环境中的罗马最著名地标之一。图片采用亚麻油布浮雕印刷（lino-cut），并使用拼贴木刻印版和白纸。斗兽场周围的道路使用三色还原亚麻油布浮雕工艺（three-color reduction lino-cut）印刷，其上部使用蓝黑墨水将斗兽场的拼贴印版印在日本小僧纸上。周围的道路是弯曲的、夸张的、截断的，以强化整体效果，而因图像细节和印刷的纹理和色彩而呈现出美妙的动感。

4. 扎哈·哈迪德建筑事务所，伊斯坦布尔 Kartal-Pendik 总体规划。通过对平面的柔性网格进行垂直投影，这些图说明了轴测图在描绘城市地形以及城市尺度的建筑形态方面的应用。上图使用了一项简单的技巧，即保持现存结构的平面图形，只针对拟建项目进行投影。

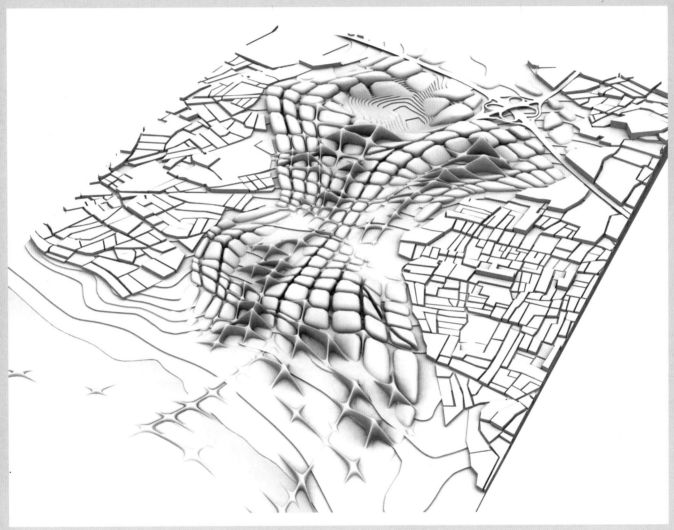

4

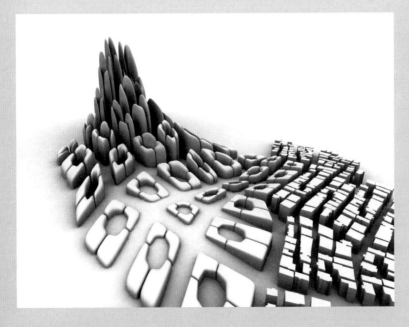

5

5. 受明信片启发的图片与这张威尔·艾尔索普（Will Alsop）完成的城市轴测图具有相似的视觉特征。艾尔索普的轴测图采用清晰的方式把人们的注意力吸引到核心建筑上：环境的细节描绘既能充分表明城市的肌理与尺度，又不会把视线从塔楼上转移开，这主要是通过独特而具有创造性地界面处理实现的。

6. 斯蒂芬森·贝尔（Stephenson Bell）这张分解轴测图描绘的是他们在曼彻斯特 Fountain 大街上的一个建筑方案。这是一张等角分解图，产生于演示阶段用来传达建筑所采取的整体设计途径。该图是用钢笔在 3DMax 模型照片表面覆盖的描图纸上绘制的。接下来将该草图扫描，并用 Photoshop 添加附加信息使图像能够同时清晰地解释建筑、结构与环境要素的各个方面。最后将草图与模型渲染图结合从而形成生动的演示。

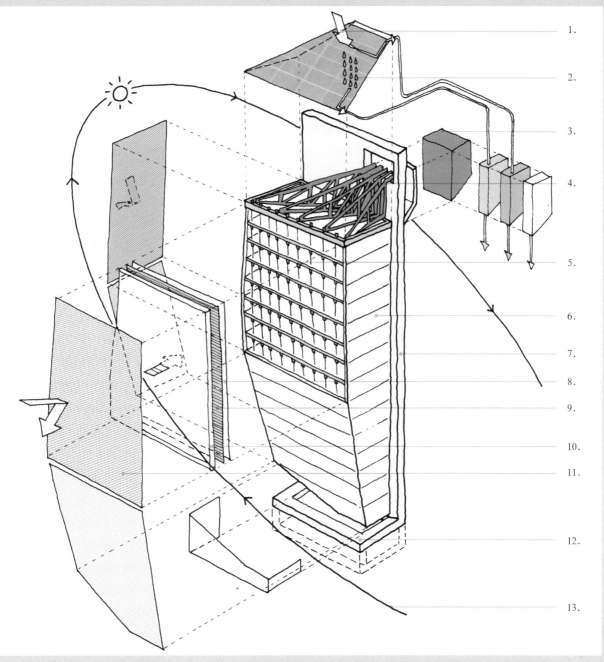

1.
2.
3.
4.
5.
6.
7.
8.
9.
10.
11.
12.
13.

6

1. 太阳能为业主的水加热
2. 灰水被收集起来用于冲厕等
3. 平衡块
4. 钢桁架支撑顶部的楼板
5. 下层的楼板由外围的钢缆挂在顶层楼板
   下（最大14m×27m无柱楼板）
6. 北立面使用无釉玻璃
7. 石灰石覆盖的内核

8. 单层釉面的内表皮
9. 空腔中的百叶窗遮挡冬季较低的阳光
10. 双层釉面的外表皮
11. 玻璃表面的釉面板抵御过量的太阳辐射
    （釉面板的密度随朝向变化）
12. 无柱的底层楼板覆盖了两层高的接待
    空间
13. 太阳轨迹

逐步进阶：利用惯例

这些由克里斯·斯坦诺斯奇（Chris Staniowski）绘制的图样说明了一些关于绘制轴测图和等角投影的简单惯例。下方及对页的插图显示了等角投影的步骤。对页图也显示了不同类型轴测图的实例。

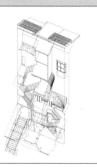

小窍门　剖切

使用剖切开的轴测图推敲项目的序列与流线，以及你的方案中其他可能会被隐藏的对象及特征。

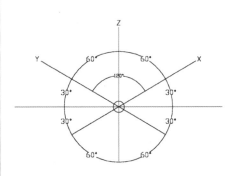

1. 确定三个关键坐标轴X、Y、Z的方向。

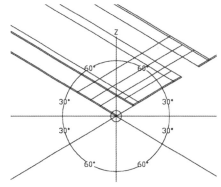

2. 利用平面图测量关键点，并把这些距离沿X、Y轴转化。
   绘制任何一条线都应当与某一个坐标轴平行。

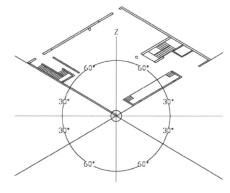

3. 使用基本原则测量平面，并把数值转化到X、Y轴，从一开始就要保持生成的平面与设定的坐标轴角度一致。

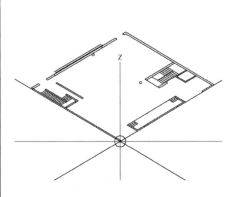

4. 完成后，使用另外一张描图纸沿Z轴给定高度，从平面中墙与物体的交点开始沿垂直方向画线。

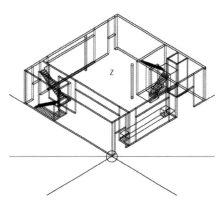

5. 在你面前呈现出建筑的一张三维视图，它被称作线框图。到此完成的图形可以作为独立的线框模型，或者将图中的一些线条擦去以使墙体变为实体，阻止图形背后的建筑元素被看到。

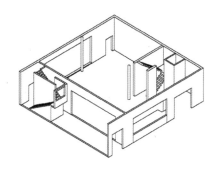

6. 移走一道关键墙体后的成图。

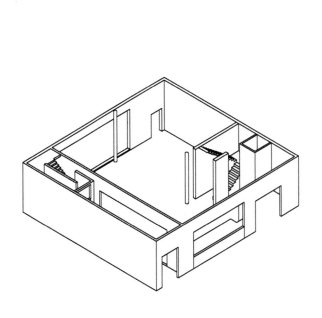

1.等轴测图

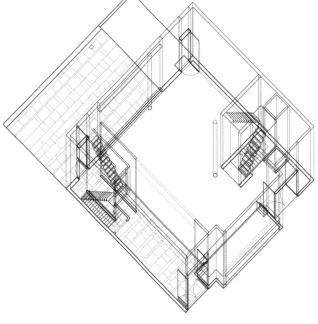

2.线框轴测图

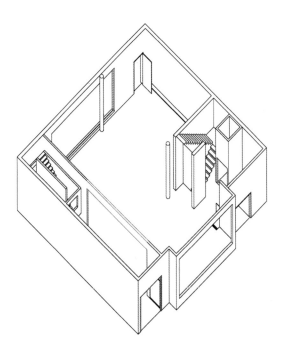

3.实体轴测图

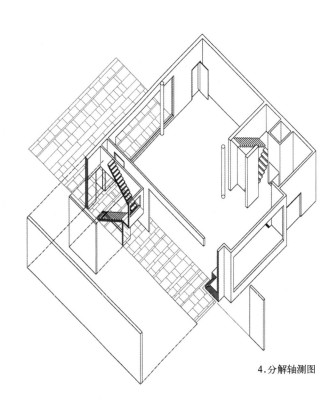

4.分解轴测图

小窍门 视高

仔细思考视高以及它们如何转化成水平线，这将影响到视图中的可见部分。

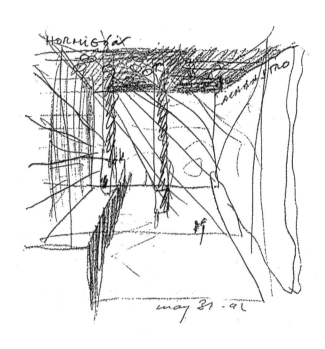

透视图

透视图技术是一种古老的演示手段，用来在二维平面上描绘距离和空间深度的。早期的透视图具有丰富的历史，并最终遵循我们今天所熟知的几何学以及数学原理。透视图不仅开拓了新的演示技术，也是一种强有力的观察与建造方式，它培养了一种思考和组织空间的新途径，这成为后来西方文化中一个强大的主题。

时至今日，透视图的说服力仍在持续：计算机绘制的透视图已经成为表达方案的最有效手段。数字化的透视改变了传统艺术家的印象，它准确无误地显示了项目与外部环境的关系以及内部空间的形象。这些逼真的现代透视图在建筑直观化方面已经起到了核心的作用。

透视图中体现了两项基本的观察原则。第一，远处的物体小于近处的物体。第二，物体沿视线缩短。

透视图的几何原理来源于画面的想法，即悬挂在被观察物体前面的一个抽象的平面；以及灭点，即平行线汇聚在视野上的点。灭点个数取决于视角，并确定透视图的类型。通常包括一点透视、两点透视、特殊情况下

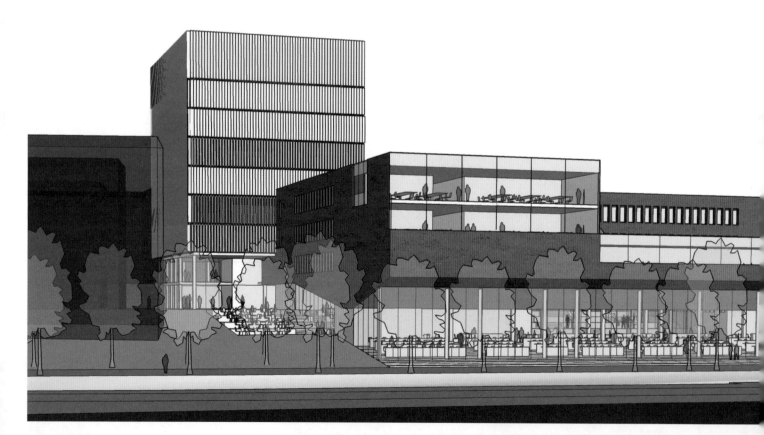

的三点透视。

一点透视是最简单的透视形式。它可用于主要线条平行或者垂直于视线的房间或建筑中，比如简单的长方体房间的室内视图，或外表面的正面视图。

另一方面，两点透视是较不固定的视图，它支持多样的视点。它允许观察者的视线朝向房间的一角，而不是与空间主要元素保持垂直。房间将在视野中出现两个灭点（可能更多）；每个方向的平行线各有一个灭点。当朝向房间的角落观察时，两道墙将沿各自的灭点消退。

最后是更难绘制的三点透视图，用于从上面或下面观察建筑时，描绘在垂直方向上的附加消退。

每一种透视网格都能通过基本的计算机模型软件建立。这就方便了手绘的辛劳过程，同时它也相对快捷地建立准确的透视草图。无论使用哪种方法，重要的是透视图不仅呈现了最终方案的图像，也与其他图形一起作为对建筑进行整体思考的创作过程的推动。

最终的透视图不仅能创造性地促进我们对建筑的理解，它更是一个推销手段。新的体现三维环境表现的途径，将把多种投影以及模型和电影或动画结合起来，以弥补对单一几何成像的过度依赖。

透视草图检验构思。它能很快揭示出比例、结构和材料意识。绘制三维草图，无论透视准确与否都能展现新的构思。即使在开始阶段，随意绘制的透视草图也能将其他图形组合以促进设计过程；它是一种对项目或空间作为整体进行综合思考的手段。

小窍门　使用透视图

在设计过程中始终把透视图和其他图形结合使用。在思考过程中尽可能多地使用透视图就像描述最终方案一样。

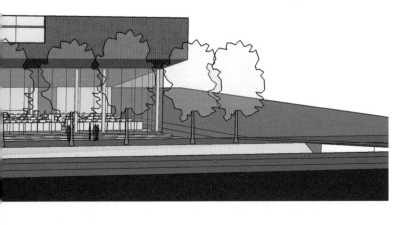

对页顶图
阿尔伯特（Alberto Campo Baeza）的透视草图描绘的是西班牙格拉纳达的储蓄银行总部，显示出透视图如何作为设计早期的思考工具。

左图
科瑞培恩·宾斯特（Crepain Binst）绘制的这张图显示了他们位于比利时根特的阿尔特维尔德（Artevelde）学院。图片采用了恰当的制约，它使用了简单的模型和透明的色彩与阴影。

案例研究：透视图

1

1. 一张更加深化并且特别有效的手绘透视图，它描述的是曼彻斯特的 Urbis Prow，由伊恩·辛普森 (Ian Simpson) 事务所的建筑师帕特里克·托马斯 (Patrick Thomas) 完成，旨在规划申请中必须准确传达建筑的构造。起初使用 0.18mm 尖头笔手工绘制在 112gsm 的 A1 描图纸上。描图纸下面的是一张原始的图，它拼贴了早期能够显示建筑外表皮结构（即没有内部和表皮）的 Form-Z 模型渲染图以及同一视点的现存环境数码照片。最后的描图经黑白模式扫描，用 Photoshop 简单填色。

2

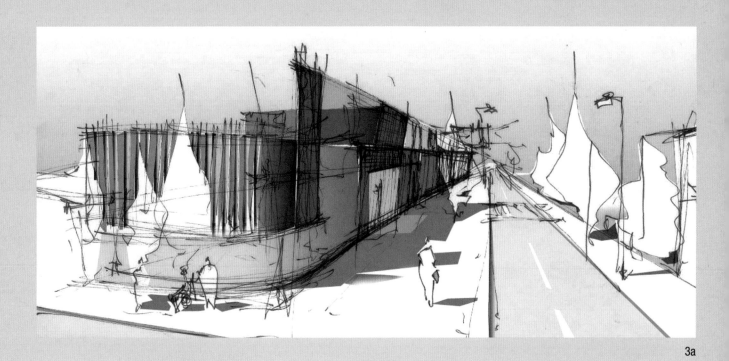

3a

2. 埃里克·帕里的铅笔研究图：伦敦芬斯伯里广场周围一栋建筑的立面，这是一张极好的草图，它使用与石材质感相协调的介质描绘了伦敦最现代的扩建项目。草图绘制在柔软的拷贝纸上面，在一定层次上可解读为对光线与石材的研究。部分透视线被省略，只显示出松散的线框结构。它展示了立面的深度，窗间墙的主次秩序以及调节室内光线并赋予建筑体以活力的支柱。

3b

3a，b. 这些由凯尔·亨德森娴熟绘制的透视图展示的是一点透视表现，首先由手绘进而在 Photoshop 中完成。

4

4. 同样精致的是由梅多克夫特·格里芬（Meadowcroft Griffin）利用计算机生成的透视图。首先在Microstation 生成线框透视图，再小心附加上一系列精致的透明层用来强调建筑室内、外部花园及更广泛的环境之间的交融。空间的模糊性与精确的阴影以及体现建筑体量与方向的关键反射之间构成了平衡。

小窍门　渲染

只渲染重要的部分。在透视图中，利用渲染将注意力吸引到关键要素。

5a，b. 尼 尔·戴 纳 瑞 （Neil Denari）的透视渲染图：波纹管屋（顶图）和垂直光滑屋（底图）是建筑设计数字渲染的经典范例，透视图建立在自然光与人工光的良好平衡上。

逐步进阶：绘制一点透视图

这些由克里斯·斯坦诺斯奇绘制的图例描述了以平面开始绘一点透视图的方法。

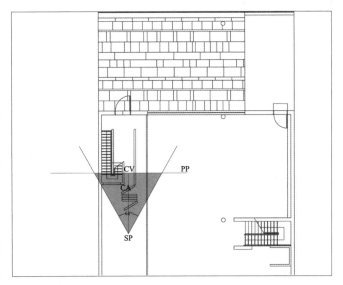

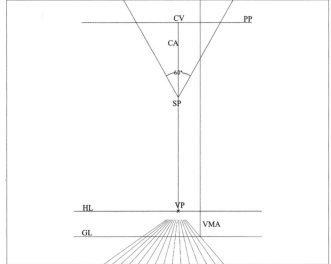

1 从观察平面开始，想象你自己处在建筑中并思考你希望看到什么。思考那个最有趣的能把你的方案描述给他人的特征。你将看到什么，什么将被隐去？

图中的视野范围用灰色强调；注意你将看到什么，以及墙体在哪里会限制你的视野。这些在透视图中必须使之一目了然。因为它们是设计的成果。

建立站点（SP）。简单一放，这里是你站立并观察到你将绘制的透视图的地方。你想描绘的每一个元素都应在 60 度视角范围内；否则将立点从你要描绘的元素向后部或远处移动。

从站点画一条竖直线作为中轴（CA），在中轴上建立视心（CV），接着插入与视心相交的画面（PP）。它为我们将在透视图绘制的点和物体进行定位。从位于站点和画面之间的中轴上延伸出两条 30° 的线。以设置好的平面作为参照，把画面绘制成水平线（HL），同时视心成为透视图中的灭点（VP）。

2 地平线（GL）与垂直轴（VMA）应分别与水平线和中轴平行并保持相同的距离同时相互垂直。沿地平线绘制等间距的点——你大概希望在绘制细节图时使用较小的间距而在绘制非细节图时使用较大间距。由于本例图形相对简单，因此采用较大间距。将这些相同的尺寸复制至垂直轴上。这些尺寸会向灭点延伸，透视图的并能在地平线以下绘制。他们将创造出随距离消退的效果——这是绘制一张精确透视图的目标。

再进行下一步之前，这些尺寸还应当添加到中轴上。

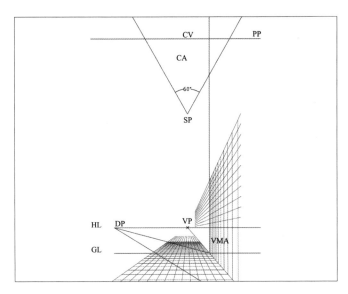

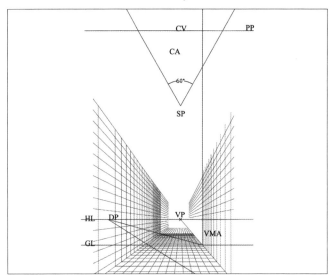

3 为了完成透视网格，你需要建立一系列的水平线。然而在一点透视图中，如同竖直线一样它们也要指向灭点。

从站点绘制两条45°线与水平线相交形成对边点（DP）。在线与网格相交处可以绘制与地平线平行的水平线。这样便完成了地平线以下的网格。为完成地平线以上的网格，绘制一条从地平线与垂直轴的交点到对边点与灭点的中点之间的连线。

4 在网格的边缘你刚刚完成垂直线，利用同样的原则，你可以绘制一系列的网格来界定墙和屋顶。为确保准确，可以从平面图和剖面图上获得尺寸并应用到透视网格中。

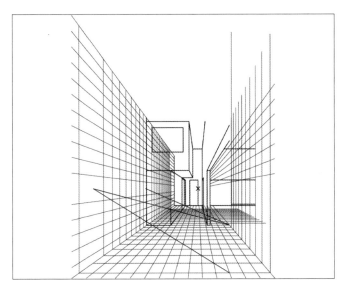

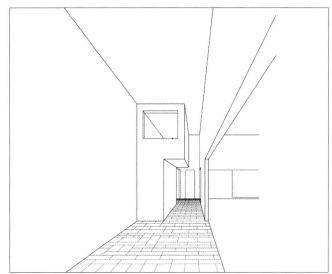

5 这个网格定义了空间中的点，使你快速并准确绘制三维空间的点，使你能够创造出关于你的空间的符合人体尺度的精确表现。透视网格可再次用于绘制其他尺度与比例的建筑的室内及室外透视图。

与等轴测图类似（见122页），你可以从平面获得尺寸并把它们转化到透视网格上以定位选定物体。

物体的高度可从中轴测得。所有非垂直的线应交于灭点以创造透视感。

6 建筑中的人或其他类似物体可添加在最终透视图上使图面获得尺度感。

逐步进阶：绘制两点透视图

这里是一幅两点透视图，它是利用两点透视网格的测点绘制的。

从观察平面开始，想象你自己处在建筑中并思考你希望看到什么。思考那个最有趣的能把你的方案描述给他人的特征。你将看到什么，什么将被隐去？图中的视野范围用灰色强调；你将看到楼梯、一根柱子、左边墙体和右边墙体。

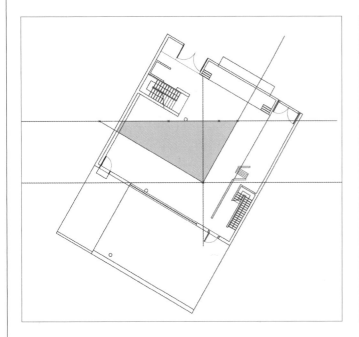

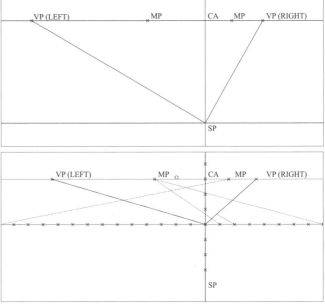

1 选择了一个有趣的视野或透视后，绘制一个适当比例的建筑平面或简单的表现。确定这以便视野中的垂直线很容易从你要绘制的网格向下投影。（个中原因将在后面更显而易见）

要建立的首要的点就是站点（SP）。想象当你站在建筑中希望看到什么，这个点表示你站的位置。你想在图中描述的多数元素将在 60°视域范围内。

从站点向页面上部绘制一条垂直线；这就是中轴（CA），接着绘制与它垂直的画面（PP）线。画面与空间中的垂线相交的好处是垂直方向的尺寸很容易确定，并且绘制的透视图具有准确的高度。

接下来到了建立各个灭点（VPs）的时候。在站点与画面之间画线。重要的是这些线要与平面平行。它们与画面的交点确定了左右灭点。

2 顶图。这些点是建立透视网格的关键，它将用于绘制透视图。为使你看得更清楚，现在可以将这个解析图向页面下部移动。

使用圆规以每个灭点为圆心，在站点与画面间画弧线，得出测点（MPs）——中轴左右各有一个。这些重要的点为你绘制透视图建立网格。

现在该建立透视网格了。

3 底图。建水平线(HL)，它与地平线(GL)一起表示你的视高。地平线不过是一条与站点相交的线，在它上面标注尺寸。

把各个测点和灭点转换到新的水平线上。

沿地平线绘制等间距的点；你可能希望在绘制细节图时使用小间距，而在绘制其他图时使用较大间距。由于本例中的图相对简单，所以使用较大的间距。在中轴上也绘制同样间距的测点。

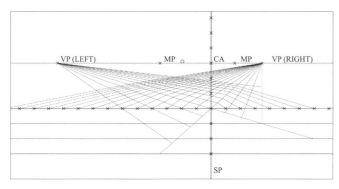

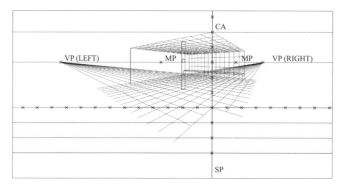

4 在两灭点和站点连线范围内，绘制从地平线上各测点到中轴对面灭点的连线。在对面重复此过程。

在确定视野的线上你将看到新的测点。将这些新测点与灭点连线便建立了透视网格。

必要的话，测点可进一步划分以创造更细致的网格。

5 重复这一过程，可在需要的屋顶高度上创建顶部网格，或在侧面沿墙体创建尺寸网格。

这个网格确定了空间中的点，使你快速并准确绘制三维空间的点，使你能够创造出关于你的空间的符合人体尺度的精确表现。

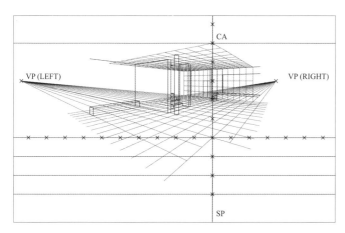

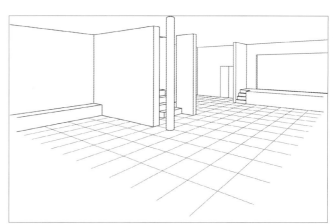

6 透视网格可再次用于绘制其他尺度与比例的建筑的室内及室外透视图。

与等轴测图类似（见 122 页），你可以从平面获得尺寸并把它们转化到透视网格上以定位选定物体。

物体的高度可从中轴测得。

所有非垂直的线应交会于灭点以创造透视感。

7 人／其他熟悉物体可添加到建筑中以获得尺度感。

逐步进阶：手绘快速透视草图

这些插图展示了快速绘制一点透视草图的方法。

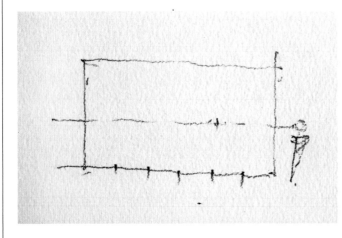

1 从立面开始——室内或室外。由于要按照比例绘制，所以在较低的边界估算（通常如此）出连续的尺寸。

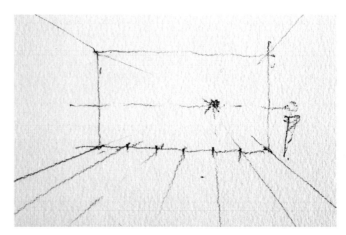

2 确立视高。标准高度是站高 1.5m 坐高 1.35m。参照立面比例，在选择的视高处绘制一条水平线（HL）。

3 在水平线上放置灭点（VP）。如有必要，沿立面边缘标记一系列垂直尺度。从灭点投射透视线。

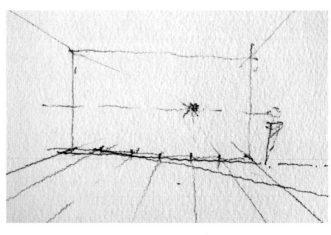

4 下一个绘图阶段将建立透视衰减。它的完成有赖于一条穿过图面的能够定位所有正方形的 45° 对角线。这条对角线可以很快地用眼睛定位，如图：在立面底边的下方创建一条水平线。这是估算最贴近立面的正方形的范围。

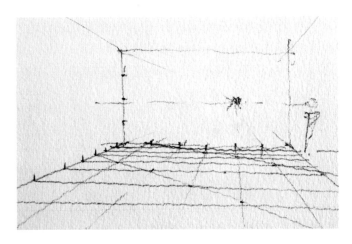

5 接着，穿过这些正方形再绘制一条对角线以确定平面中所有其他的正方形。

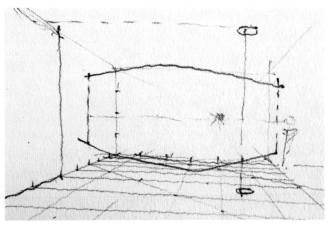

6 不要过度手绘，这种草图仅能建立整体比例。

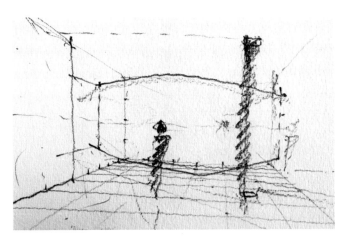

7 透视草图可以很快导入 Photoshop 里添加色彩或肌理、人物和关键线图层以增强清晰度。

8 最终作品。

逐步进阶：纠正透视变形

　　这系列插图（伊恩·汉德森—an Henderson 绘制）
是使用 Photoshop 完成的，但这项工作也可以使用其他
类似软件或程序完成。

2 创建参照线。为纠正照片中的透视，首先要创建一些关键
的参照线或打开用户网格。要创建参照线，需确保标尺处
于打开状态。使用移动（Move）工具，从标尺处拖拽参照
线并定位。

1 原始照片。由于拍摄时使用广角镜头，建筑看上去向后仰，
且他们的屋顶向一点汇聚。

3 使用扭曲（Distort）命令变换图像。为使你能够调整图像，
需确保它与背景解锁。在"背景"层处双击左键使它变为
标准可用图层，并重新命名。使用 Ctrl + T 激活变形工
具。在图片上单击右键打开变形工具下拉菜单，选择扭曲
命令并调整边界点直到透视完全被纠正。双击或点击返回
（Return）键应用调整。

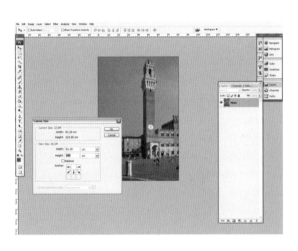

4 调整画布大小。应用变形工具使得图像下半部分的人看上去像是被挤压了。激活画布尺寸调整（Adjust Canvas Size）工具，将画布尺寸延伸到图像底部为纠正人物比例提供足够的空间。

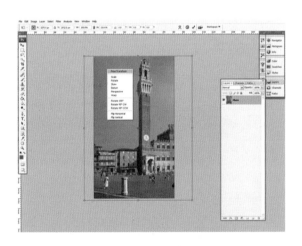

5 利用自由变换（Free Transform）命令调整图像。Ctrl + T 激活自由变换工具。选择位于底部中间的调节点向下拉伸直到图像中的人物比例正确。使用裁剪（Crop）工具裁掉画面以外的内容。

6 最终图像。最终图像里的建筑拥有完美的垂直线。

逐步进阶：建立一个旋转模型（Lathe Model）

以下的系列模型（由伊恩·汉德森完成）可使用大多数常见计算机制图程序完成，如 3ds Max，Maya，Softimage 或 LightWave。

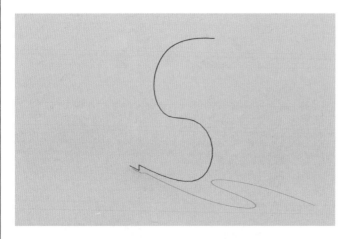

1 主干线。使用画线（Line）工具创建需要的图形。

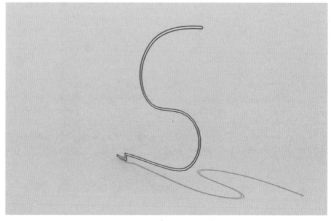

2 主干图形的剖面形式。调整主干线创建一个剖面形式。本例使用编辑主干线轮廓（Edit Spline Outline）工具偏移主干线以创建具有一定厚度的剖面形式，并且通过对两端点导角实现图形闭合。

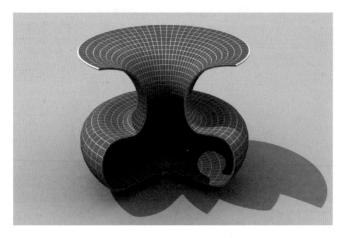

3 创建一个旋转网格（Lathe Mesh）。选择剖面图形主干线。在修改列表中使用'旋转'修改命令创建旋转网格。

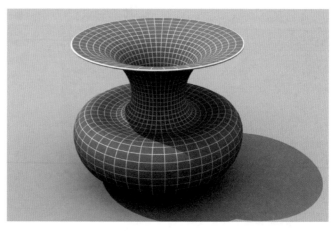

4 旋转网格。调整'旋转'修改工具参数以完善网格。

5 贴材质。为曲面指定材料。贴图的参数可在旋转网格内置
贴图系统中设置。

逐步进阶：创建一个放样模型（Loft Model）

1 主干线路径。创建一个主干线的路径。本例使用'旋转'命令。

2 主干线图形。创建主干线图形。本例使用'圆形'和'星形'命令。

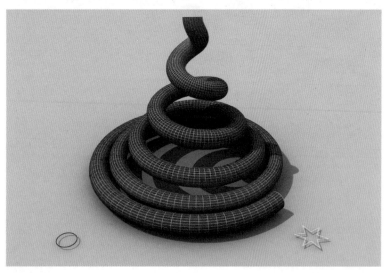

3 放样圆形。要创建网格物体首先选择路径主干线。在创建方式下的放样参数中使用获取图形（Get Shape）按钮添加圆形主干线图形。选择主干线的顺序很关键。如果首先选择路径主干线再添加图形样条线，创建的网格将出现在路径主干线的位置。如果首先选择图形主干线再添加路径主干线，创建的网格将出现在图形主干线的位置。

4 添加星形放样。为创建更加复杂的网格，可以添加任意数量的其他图形样条线。要添加另一种图形主干线，首先使用路径参数（Path Parameters）确定你所希望的图形主干线出现在路径上的位置，进而使用图形获取（Get Shape）按钮添加附加的图形主干线。

本例使用了路径比率（Path Percentage），并设置星形图形主干线放置在100%（路径主干线末端）位置。

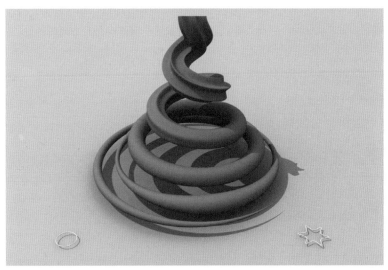

5 改善网格。为进一步改善网格，调整了图形主干线的位置，且使用'比例'（Scale）变形图表设定图形主干线的比例随着样条线上的不同位置而变化。

为完善和定位圆形与星形主干线的混合，圆形主干线被放置在路径主干线的0%和80%的位置，星形主干线被放置在100%的位置。这使得圆形和星形主干线只在路径主干线的后20%的长度出现而不是全部长度。

调整星形主干线的参数，对星形的端点导角并调整导角半径，使星形样条线创造出一个看上去更柔和的网格。

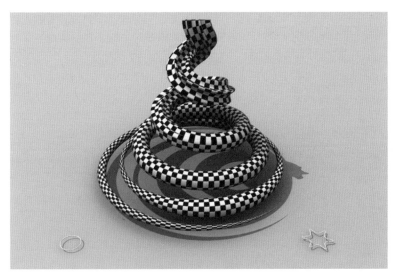

6 贴材质。为曲面指定材料。贴图的参数可在放样网格内置贴图系统中设置。

逐步进阶：多边形模型编辑

　　一个多边形网格可以在子物体层面进行编辑（被称作'子物体编辑'）。这种方式的网格处理的关键原则是模型制作者需了解构成一个网格的基本结构组件。这些组件包括顶点、边和多边形面，它们经处理可以改变网格的形式。

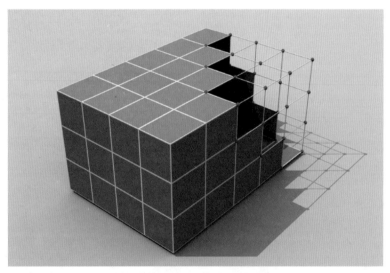

1 顶点。顶点是网格最基本的元素。顶点是独立的结构点，它确定了网格中每一个面的转角。

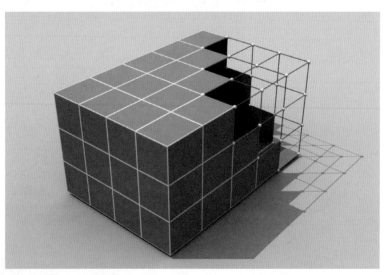

2 边。边是网格第二基本元素。边联系着顶点构成网格中的面的边界。

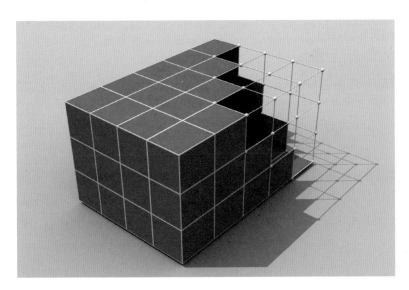

3 多边形面。多边形面由相互连接的顶点和边构成。多边形面是一系列相互联系的面，用以构成网格。

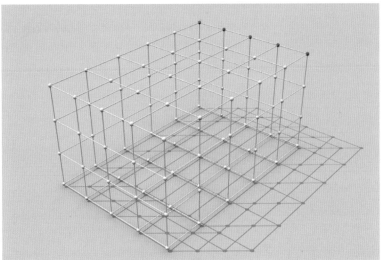

4 选择顶点。调整网格上的顶点可改变网格。首先选择所需顶点。

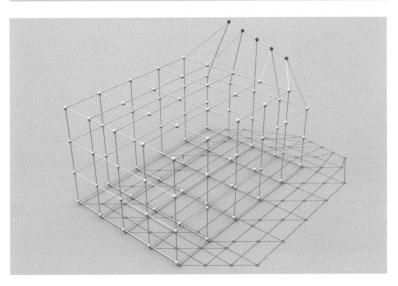

5 编辑顶点。选中的顶点可使用移动（Move）、旋转（Rotate）和缩放（Scale）工具操作。处理网格顶点的其他编辑工具可在修改工具列表中找到。

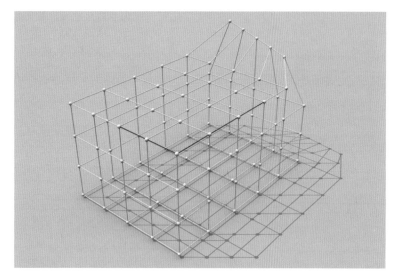

6 选择边。调整边可修改网格。首先选择所需的边。

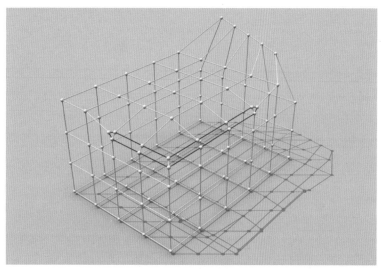

7 编辑边。选中的边可使用移动（Move）、旋转（Rotate）和缩放（Scale）工具操作。处理网格的边的其他编辑工具可在修改工具列表中找到。本例使用切角工具为选中的边切角。

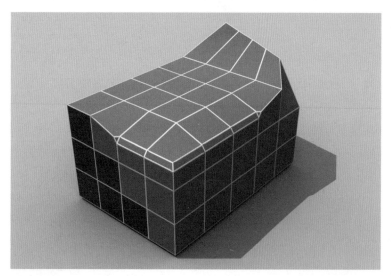

8 选择面。调整多边形面可修改网格。首先选择所需的多边形面。

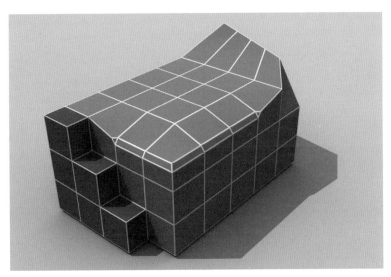

9 编辑面。选中的多边形面可使用移动（Move）、旋转（Rotate）和缩放（Scale）工具操作。处理网格的多边形面的其他编辑工具可在修改工具列表中找到。本例使用拉伸工具拉伸选中的多边形面。

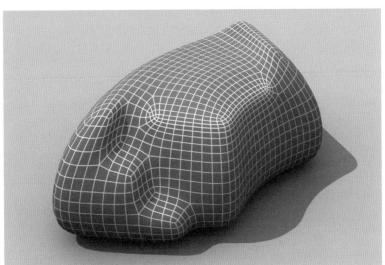

10 使用修改器。使用修改器可进一步修改网格的形式。本例使用'涡轮平滑'、'弯曲'和'锥形化'修改器进一步处理网格形式。

11 贴图。为曲面指定材料。使用 UVW 贴图编辑器正确地为曲面贴图。

逐步进阶：实体模型编辑

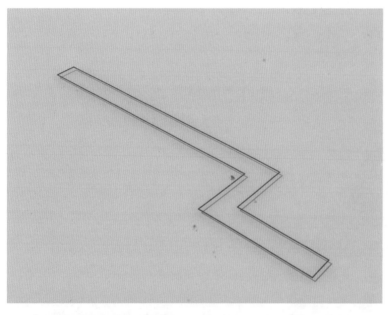

1 主干线图形。使用画线（Line）工具创建主干线图形。

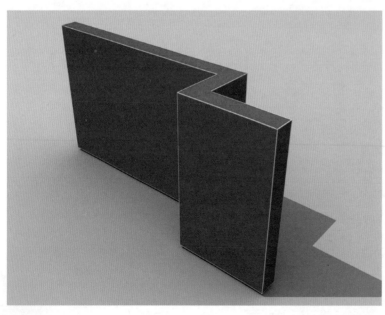

2 拉伸主干线。使用修改器列表下的'拉伸'（Extrude）修改器拉伸主干线完成实体网格。

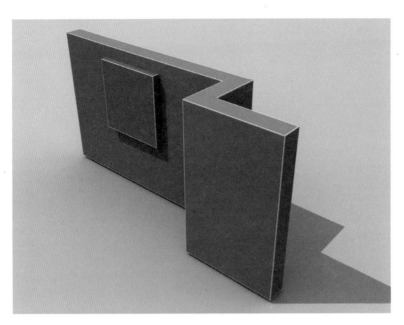

3 为待减去的网格对象定位。创建一个将从大网格对象中减去的较小网格对象。本例使用标准图元菜单创建了一个边界盒。使用移动工具创建较小的网格对象。

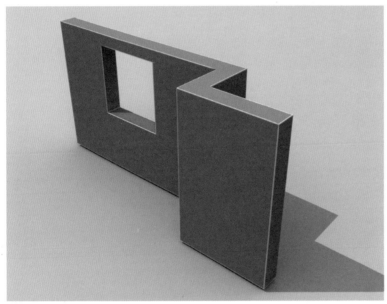

4 布尔运算。选择要保留的大网格对象。使用 Pro Boolean 工具，接着选择布尔运算参数中的'差集'命令并拾取小网格对象。要确保两个网格对象有足够的重叠部分以便成功减去。

5 贴材质。为网格对象指定材料。使用 UVW 贴图编辑器正确地为网格对象贴图。

逐步进阶：创建一个主干曲面模型

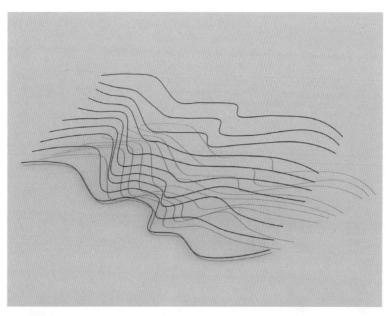

1 主干线。使用画线（Line）工具创建所需主干线图形。如需绘制多根主干线，则每根线应具有相同数目的顶点。通过将所有主干线附加在一起，创建一个主干物体。在附加主干线时，选择最低的主干线再依次附加每一根线。

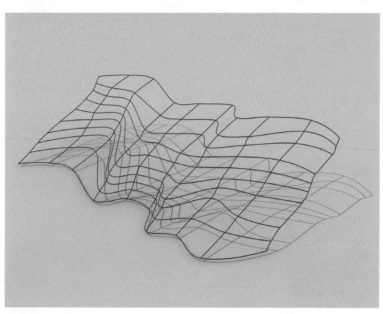

2 主干构架。通过连接不同主干线上的顶点构成一个封闭的三角形或四边形格子，创建一个主干构架。可使用截面相交修改器，或者在编辑主干线参数中使用创建线（Create Line）工具人为地连接各个顶点。

在人为创建主干线时使用三维捕捉（3D Snap）功能确保顶点连接正确。

在使用截面相交修改器时，每根主干线的起始点要从同一侧选取，以保证修改器正确运行。

3 曲面。使用'曲面'修改器在主干构架上创建曲面网格。

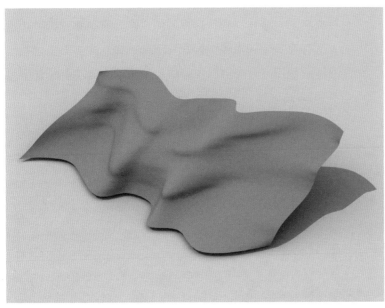

4 完成的曲面。调整曲面修改器的参数直到合适。主干构架必须是由三角形或四边形栅格组成以防曲面网格出现空洞。在两根主干线相交的地方，两个顶点必须准确对齐以保证曲面网格正确创建。

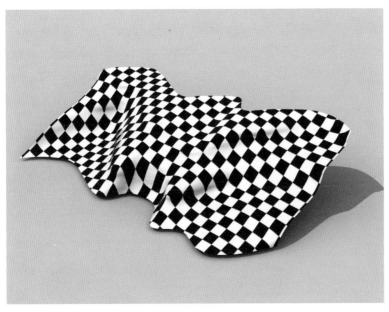

5 贴材质。为曲面指定材料。使用 UVW 贴图编辑器正确地为曲面贴图。

脚本绘图

马修·戴维·奥特（Matthew David Ault）

这是一种在数学规则上应用脚本解决复杂设计问题的设计技巧。要做到这一点，设计过程可被分解成为一个运算法则。这种运算法则可被理解成创造事物的过程、一系列指令或者一种陈述方法。算法设计使我们能够建立概念模型。这样建立的模型综合体现了设计本质的信息，其中各种关系都是相对的。

接下来的案例研究描述了算法在建筑设计中的应用以及制图在其中的作用。当使用算法时，设计师设计的是方法和过程。

首先运算法则必须转化成一种称之为脚本的语言或编码，它是计算机能够理解的。在三维可视化软件中通常存在一个脚本编辑器能够记录或显示在屏幕上创造形体所使用的命令的顺序。通过使用这个脚本并添加变量和循环，可以创造较复杂的对象或布局。

通过修改脚本可在一个阵列中放置任何对象或元件，比如圆柱体或球体。遵循同样的原则，取代在直角网格

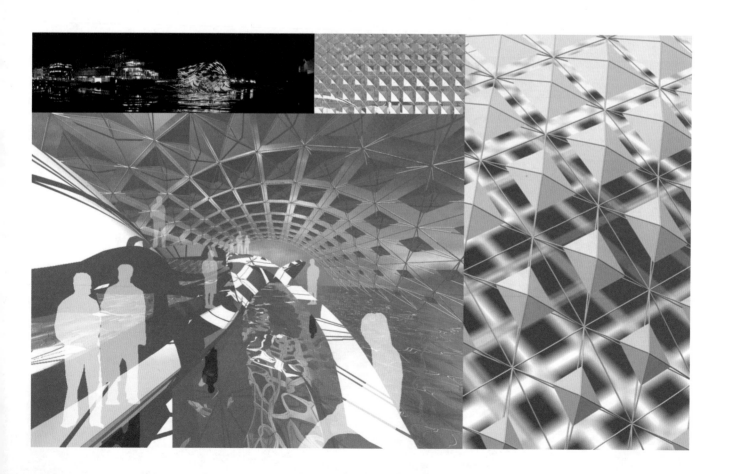

中扩散元件的做法，脚本可应用于非欧几里德曲面成为
元件分布其中的构架。

　　不是将元件放置在空间中特定的点，而是由脚本指
定曲面上的一个位置，即 UV 坐标或参数。它的优势在于
不需要指定曲面的具体形式以及在空间中的位置。

　　在例 1（左下图）中一个长方体被复制、缩放并移动。
这一过程被多次重复，每次都把新的长方体移动得更远
些。在例 2（下部中图）中长方体在每次复制同时被旋转。
例 3（右下图）中添加了另一种循环，由此创建了一个长
方体阵列。

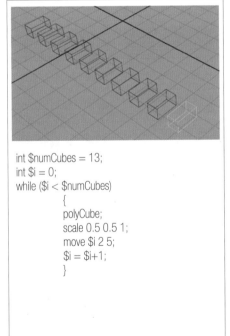

```
int $numCubes = 13;
int $i = 0;
while ($i < $numCubes)
        {
        polyCube;
        scale 0.5 0.5 1;
        move $i 2 5;
        $i = $i+1;
        }
```

1

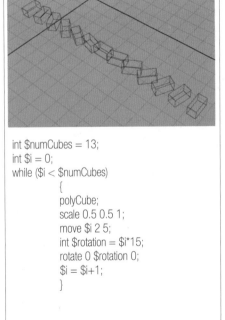

```
int $numCubes = 13;
int $i = 0;
while ($i < $numCubes)
        {
        polyCube;
        scale 0.5 0.5 1;
        move $i 2 5;
        int $rotation = $i*15;
        rotate 0 $rotation 0;
        $i = $i+1;
        }
```

2

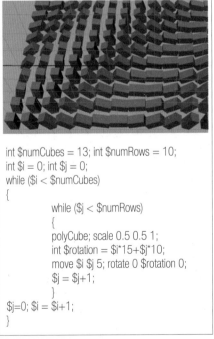

```
int $numCubes = 13; int $numRows = 10;
int $i = 0; int $j = 0;
while ($i < $numCubes)
{
        while ($j < $numRows)
        {
        polyCube; scale 0.5 0.5 1;
        int $rotation = $i*15+$j*10;
        move $i $j 5; rotate 0 $rotation 0;
        $j = $j+1;
        }
$j=0; $i = $i+1;
}
```

3

简单的脚本绘画可
以进行复制和复杂
性处理。

1 Stage One
2 Stage Two
3 Stage Three

下列插图中，元件的方向作为脚本随时跟随太阳的方位。这个图集可以作为工具来探索曲面形态对阴影模式的影响，并且按一天中不同时间进行编程可确定诸如遮阳结构之类的要求。

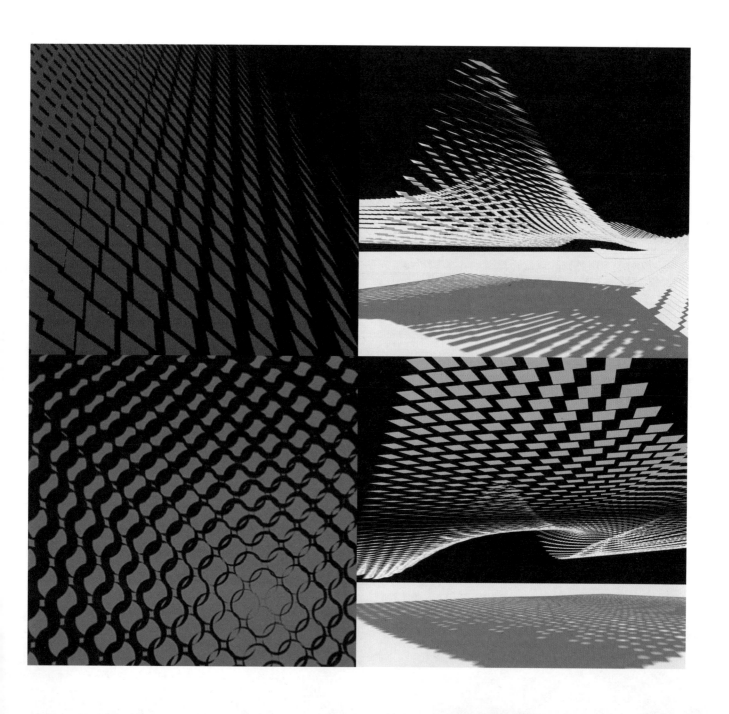

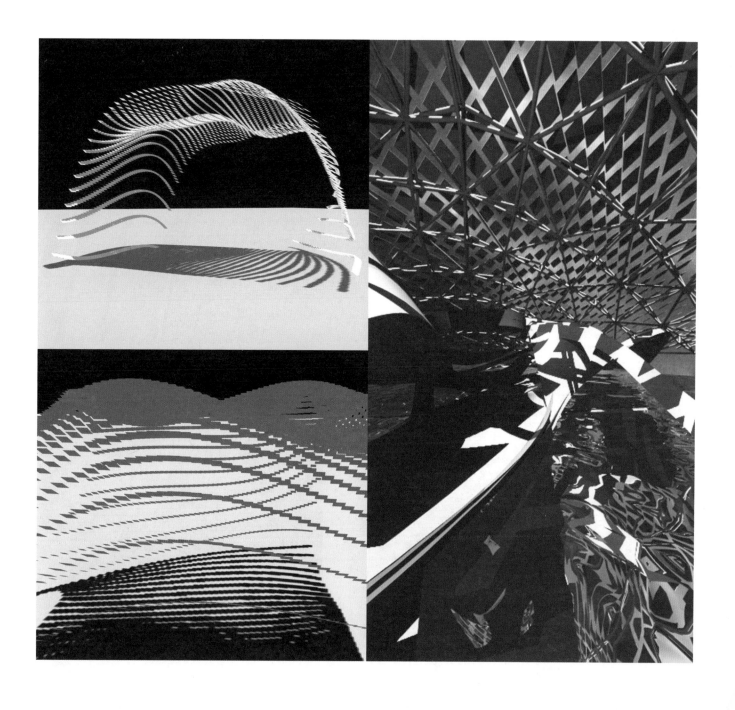

除了编脚本，关系也可以通过建模技术建立。数码建模不同于计算机辅助制图在于形态不是以连续的方式被绘制出来，而是产生于设计概念互联模型体现的诸关系之中。

有必要理解构思之本质而不仅是它的视觉外观，因此原始草图的构思（左下）是个有用的起点。

在非欧几里德曲面上扩散的元件是相同的（见P.153–154）。然而，元件的形态可根据构架曲面确定，局部的元件形式受到整体曲面形态的影响。

草图显示了为什么元件的几何形态不是绝对的，而

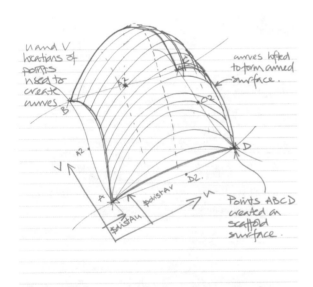

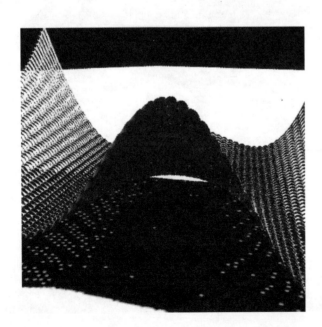

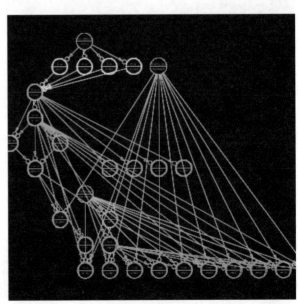

是与曲面相关。在一个分层结构中，对元件的描述无法脱离它依附的曲面以及它在其上的位置。

记号图（下部中图）显示了用以确定像本页下图的简单结构元件所需的几何元素之间的关系。

多边形四个顶点确定了元件。因为图形是由关系而不是数值决定的，任何对顶点位置的改变都会影响图形。

元件分散在一个可细化为多边形的曲面上（底图）。每一个由多边形四个顶点确定的元件样例，会因定义它的多边形的尺寸而不同。

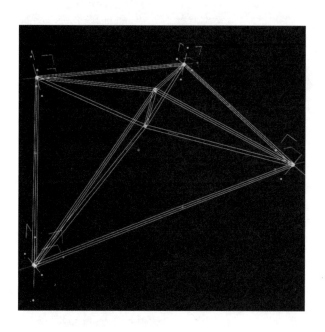

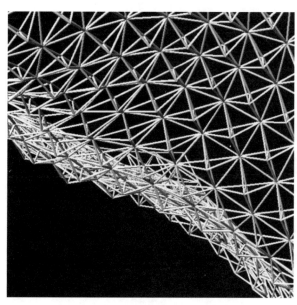

利用联想和参数化建模进行设计，可以包含像材料局限性之类的信息，而这种材料局限性会束缚了可能产生的形态。它也有助于把分析结合进初始概念的发展和改进，设计师可依据反馈结果调整参数并作出决策。其目的并不总是为了优化形式，比如结构外观，而是与设计的其他方面或作用相关。原型设计与制作在这些设计流程中应构成一个不可或缺的部分，比如三维打印或使用激光切割机制作大型模型。

设计过程始于概念，它决定了性能优先次序和需求

下图

下列图片显示了一项设计的进展，从最初的草图形式、参数的定义和修改、数字建模到构建和分析。

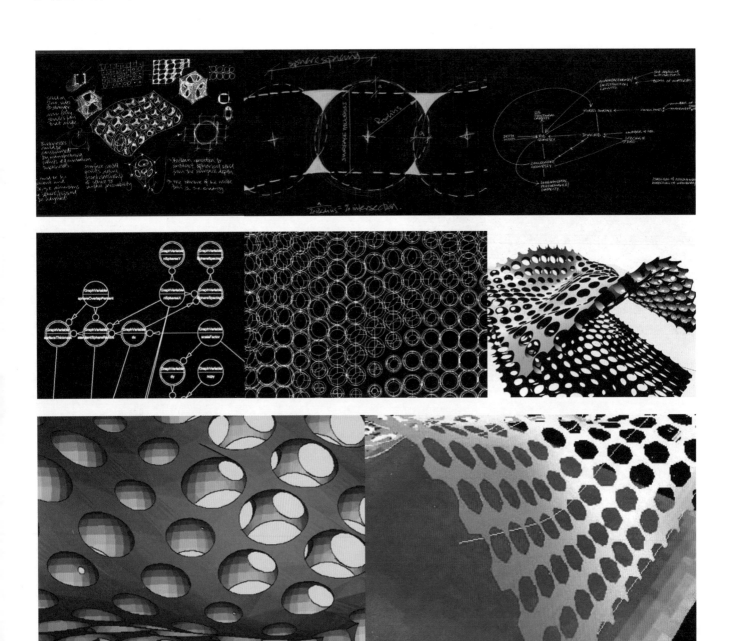

以及制作方面的约束。接着它们被转化成一种几何学的陈述或者相关联的／分级的图表。这保证了将来对概念的任何测试都是可行的，这些测试通过修改特征或参数，可能是计算法则的部分变化而进行。

这项学术练习探索一个多孔材料如何可能成为遮阳设施。研究了遮阳篷下的投影以及照明效果。

随着太阳的运动，利用曲面的弯曲调整阴影模式。当曲率明显增加，系统的完整性就会被破坏，因而必须增加限制条件加以解决。这涉及孔洞的大小和交集、随

曲率和遮阳篷厚度增加带来的孔洞尺寸变化。

模型制作使用激光烧结的塑料和三维打印的石膏粉。从图中可以看出，限定不够准确，并且石膏模型没有足够的强度承担自重（底图）。

下图
这些图片显示了为体现不同设计和制作阶段的决策而制造的实体模型。

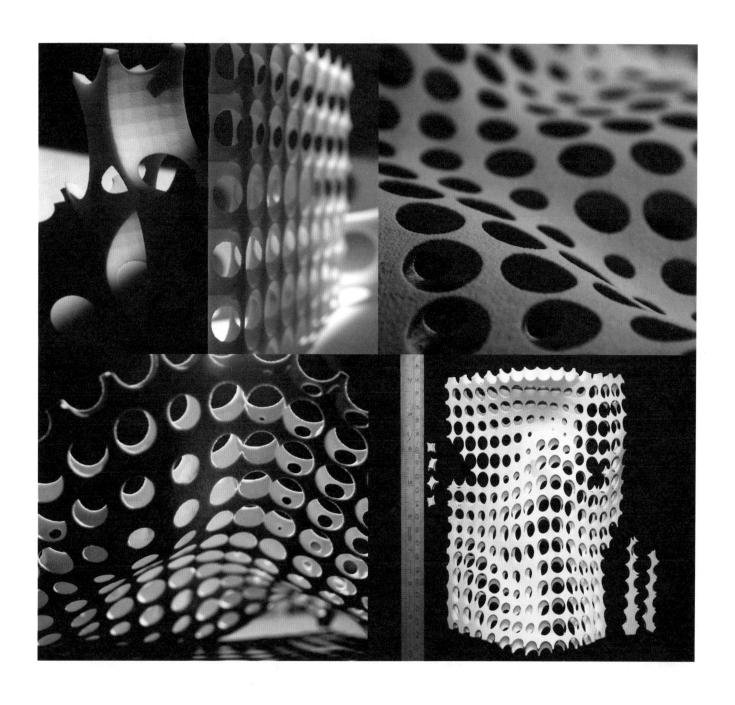

下列屏幕截图摄于模型测试、评估、改进阶段。

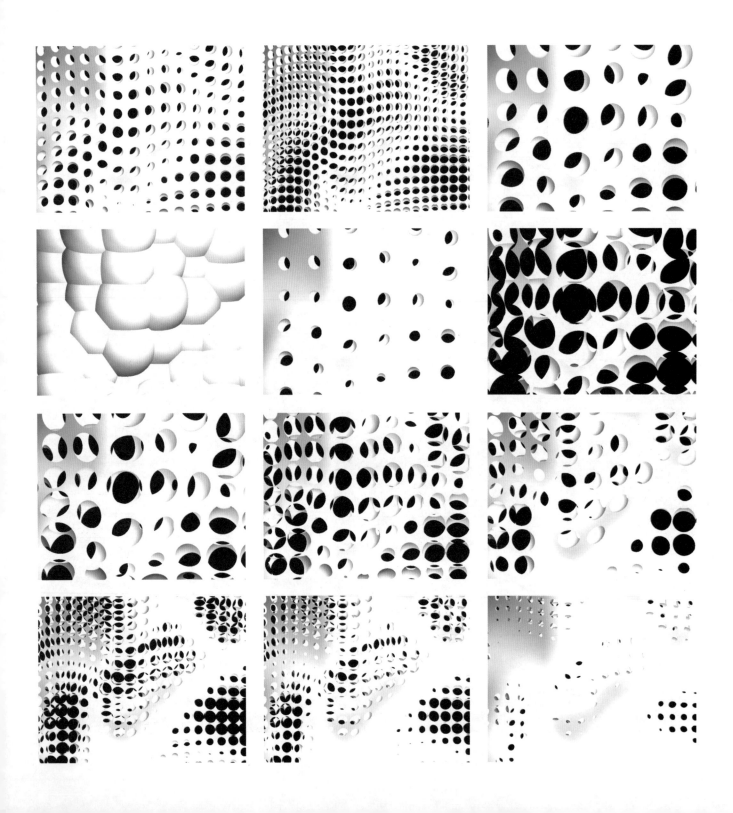

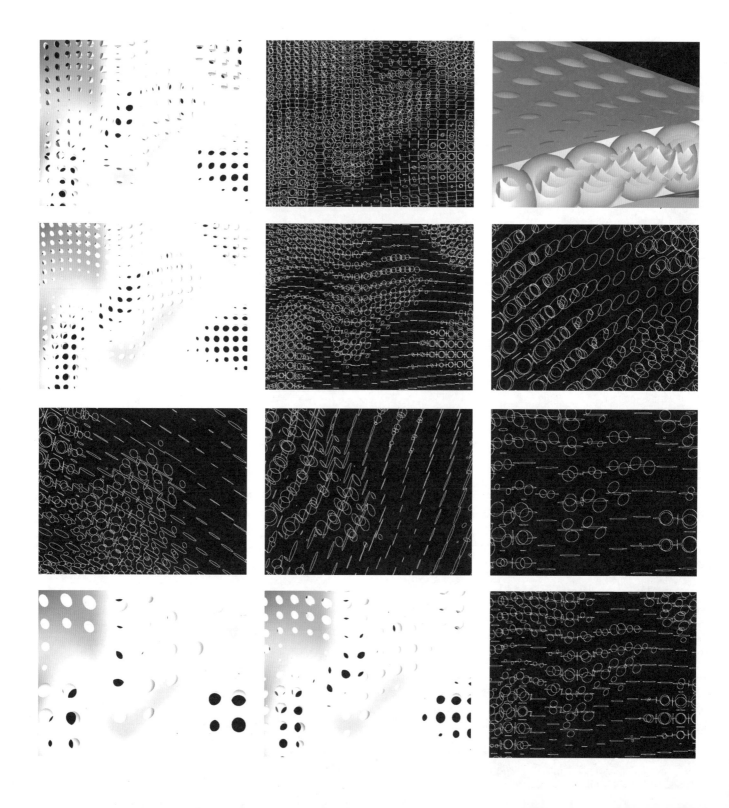

第三章 场所

第三章 场所

简介

本章综合了一系列绘图技术和绘图类型，它们在本书前面部分已经探索过。这里按照它们表现的场所种类把绘图分三部分：室内、景观和城市环境。

虽然承认这种简单的分类，忽略了其他种类的绘图和场所，因而是简缩性的，但它还是有用的，比如它能建立起一个广泛的概念框架：建筑绘图最终涉及对一个场所的创造性探索和该场所的特质的交流。本章讨论的是通过绘图如何表现一个有事件发生的，具有物质存在感和方向感以及与环境对话的场所。

在某种意义上，以这种方式将不同的绘图技术和绘图类型结合起来是把建筑绘图仅看作艺术的观念的补充。不同于纯粹的艺术，建筑师的绘图具有必要和实用的目的，它们被放置在物质世界中，作为人造物完成了从形式与材料的想象到承载人居建成环境之间的过渡。

用这种方式创造建筑，显然我们考虑了我们工作的物质及文化环境，创造出关注环境的景象使得建筑绘图不同于工程师制图——对于建筑师来说就是场所问题的特殊性。

所以，很多建筑绘图关注物质环境，而本章关于城市绘图和景观绘图的部分广泛使用计算机创建或者实体模型以大量显示设计的建筑如何与环境相关。

一个更难的问题是建筑应对特殊文化环境的形象化，然而这正是建筑表现需要重新观察舞台或电影布景设计的地方，它们常常创造出一个反映故事的非视觉方面的世界。

前一页图

莎拉·莎菲（Saraben 工作室）魔术师剧院，罗马国家植物园。手绘在描图纸上的平面图。魔术师剧院设计再次强调了意大利巴洛克式的感性和富于装饰。基于神奇的错觉和几何变形的想法，手术般地建造激光切割而成的图纸和模型描述环境的功能安排，以及投影、表演和幻象的特殊复杂性。

小窍门　空间
通过光和材料表面，重点理解室内空间，这将进而引向纹理和色彩。

室内

室内表现是一类重要的建筑表现。这些绘图区别于具有不同重点的建筑装饰图；建筑室内绘图往往将室内空间作为序列的部分进行定位，并考虑城市、景观及其文化，旨在将建筑作为一个整体来理解。历史上，室内绘图并不作为独立的艺术出现。更确切地说，在传统中，建筑室内表现更像是一个画布，一个包含了绘画、壁画及挂饰的容器，它代表了一个符号性参照的基体，指向物质及文化环境和它的历史深度。

这些室内绘图充斥着变形的多角度观察，并且几乎是以空间先关闭后打开的方式拼贴而成，调节象征性的室内与外部景观和城市。在现代重新出现的非透视室内表现非常明显与拼贴相关。正如我们看到的，拼贴可用于将体现室内的复杂关系结合起来。在这个意义上，这与加拿大摄影师乔治斯·鲁斯（Georges Rousse）有关。鲁斯的作品是照片，但室内照片和绘图之间的转换是一个创造性的过程，它展示出了意想不到的关系，并挑战了我们的主流室内透视观。

如同乔瓦尼·巴蒂斯塔·皮拉内西（Giovanni Battista Piranesi）的蚀刻或约瑟夫·迈克尔（Joseph Michael Gandy）的水彩，鲁斯的照片揭示了光在室内表现中的深层意义。视觉上，室内深度在图上表现为图像随空间的后退而变暗。在手绘图中，往往使用中间色调首先确立这一格局。否则图面中更细节的要素较难达到平衡。明与暗构成并限定了这一基本格局。

光在室内更细致的运作是一个复杂的现象。尽管可以快速徒手建立一个总体结构，但计算机渲染软件能更快地描述接近真实感的光，因为辐射度算法允许光在房间表面多次反射。这些程序在设计发展阶段和作为说明工具都是有用的。

左图
吉莲·兰伯特（Gillian Lambert）对位于 Galleon's Reach 的住宅的细部渲染，令人回味的是中间部分封闭的空间。

案例研究：室内

1

1. 这是初期铅笔和蜡笔绘制的
伦敦圣玛田教堂地下空间的门厅，
由埃里克·帕里绘制。这张室内表
现可看作是与教堂建立联系，朝向
教堂的视野对进入地下空间提供了
重要的引导。

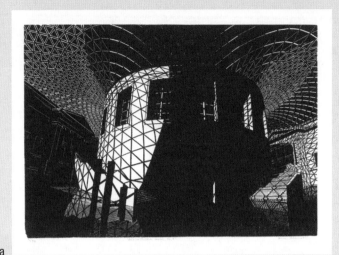

2a

2b

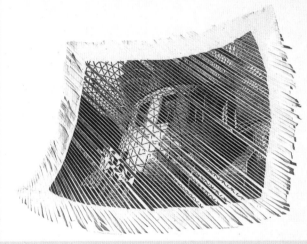

2c

由艺术家安妮·戴斯梅特完成的这组图片是对大英博物馆大厅创造性地诠释，同时探索了光线如何在空间中运行。

2a. 大英博物馆系列 1 使用木雕黑白打印在米白色日本雁皮牛皮纸（Gampi Vellum）上。本图由艺术家在白天时段拍摄的照片发展而来。照片由复印机扩印到与端切黄杨雕版同等大小，选择精细雕刻工具把图片镜像复印件的结构轮廓描绘到雕版上。在雕刻过程中，艺术家夸大了建筑内部能够观察到的不同光线效果——本例要表现的是在侧面唯一直接光源作用下，夜晚的建筑会是什么样——以及提高格子屋顶投射到图书馆弯曲的墙体上的光影强度。

2b. 大英博物馆系列 4 也是使用木雕黑白打印在米白色日本雁皮牛皮纸（Gampi Vellum）上。本图是对大英博物馆系列 1 的雕版加工而成，在完成最后阶段之前对该雕版进行了两次进一步发展。使用精细雕刻工具对雕版上已有的雕刻进行再加工和深入雕刻。在雕刻过程中，艺术家夸大了建筑内部能够观察到的不同光线效果——本例要表现的是在明亮的白天，建筑中的银色的光。她保留了弯曲的图书馆建筑右边的深阴影区，以营造大厅空间结构的三维效果。

2c. 大英博物馆对角光在卡片上拼贴的木刻。拼贴首先是在半透明浅黄色的日本桑葚纸上打印了大英博物馆系列 4。干燥后，打印件被小心划分为狭窄而等宽的对角线条（每一条宽约 3~4 毫米），使用锋利的手术刀和钢尺裁切——但保留一个非常狭窄的未切断的边缘，这样打印件即使被切开也仍是一个整体。接着，图像被放置在卡片上并粘贴，各条之间打开微小的空隙代表穿过建筑倾斜向下的光线。为增强效果，少数打印'条'被完全切下，翻转并从左侧移位到右侧以利用半透明纸张产生的光线效果，即打印图像透过纸张在背面呈现的银灰色调，跟位于正面打印出的强烈的黑色形成对比。目的是尝试欧普艺术的某些效果并探索大厅中间断光的强烈效果。

逐步进阶：利用草图、油布浮雕印刷和拼贴表现室内

1 罗马帕提农神庙，由安妮·戴斯梅特绘制。在罗马帕提农神庙现场绘制的铅笔淡墨素描写生。

2 帕提农神庙。双块油布浮雕印刷图版：一块图版刻上主要图像，其后它将使用蓝黑墨水印刷；另一块图版用于第一块图版印好后，在印刷品的高光位置添加淡奶油色调。印刷使用 Somerset Satin 白纸。该图像是上图罗马帕提农图的发展。图像经复印机放大并翻转到雕版的大小，并且在第一块板上描绘出竞相复印件的轮廓。雕版上的图像使用标准 'V' 和 'U' 形凿以及一些较精细的雕刻工具和蚀刻转盘。

3 帕提农神庙（圆画）。纸上油布浮雕印刷和拼贴。拼贴画由来自帕提农浮雕备用印刷品的 16 张近似三角形纸条按环形模式粘贴在铁锈红色的背衬纸上，并使用印刷滚筒再在拼贴画表面添加黄色印墨。拼贴画由胶棒粘贴并在背面使用自粘纸胶带加固。本图旨在传达站在罗马非凡的室内空间中央的感觉以及被曲线空间环绕和笼罩的感觉。

逐步进阶：使用 3DS MAX 和 V-RAY 照亮室内

以下由伊恩·汉德森完成，它描述了在室内效果图中改变光效的过程。

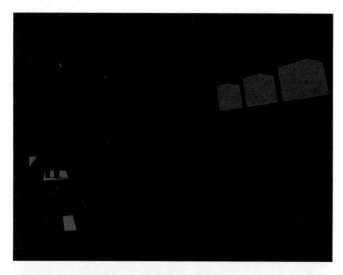

1 主要外部光源。创建一个'直接'光源象征太阳，放在能够透过外墙洞口提供令人愉悦光线的位置。使用'直接'光源是因为它的入射光线平行，这很好地复制了太阳光线和投影形式。

调节'直接'光源的倍增值以适应屏幕。

投影模式选择 V-Ray 阴影。

在 V-Ray 阴影参数标签中提高'细分'值以提高投影质量和减少杂色。

2 外部环境光。需要附加光源模拟进入室内的环境光。在每面墙的洞口外部防止 V-Ray 矩形区域光源。光源尺寸应足以覆盖洞口范围。提高光源细分值以提高投影质量和减少杂色。调节倍增值至合适度。

3 反射光。使用全局照明模拟反射光。调节质量以适合屏幕和图像大小。使用不同发光贴图（Irradiance Map）的设置来测试，从最低质量开始。

第一次反射光的计算使用发光贴图并设置为'中级'。

第二次反射光采用直接计算（Direct Computation）

4 环境光。使用 V-Ray 全局环境光和发射／折射光模拟通过墙体洞口进入空间的其他日光。环境光用于提供更多的环境照明。

5 室内光。添加室内人工光以照亮屏幕上的特殊区域。使用带 V-Ray 阴影的标准聚光灯。

6 添加室内人工光以照亮屏幕上的特殊区域。使用带 V-Ray 阴影的标准聚光灯。

需要附加光源模拟进入室内的环境光。

使用 V-Ray 全局环境光和发射／折射光模拟其他通过墙体空洞进入空间的日光以提供足够的环境照明。

调节倍增值以适应屏幕。

使用全局照明模拟发射光。

调节质量以适应屏幕和图像大小。使用不同发光贴图（Irradiance Map）的设置来测试，从最低质量开始。

景观

本节的绘图涵盖了坐落在自然景观中的建筑，与地段或园林紧密联系的建筑。这些关系曾经是伟大的画作、壁画和挂毯的主题，仍将继续推进建筑策略与细部设计。景观的大比例地形平面图、剖面和模型都在定位建筑方案的绘图之列。

景观表现是现代视觉艺术家的一项主要研究领域，建筑师自然可以利用这些研究成果。同时，建筑师绘图的重点通常不是景观本身，而是对自然与人工的古老对话的重申；不是建成景观，而是作为整体的景观。

有趣的是关注如何叠加色彩是传统的描绘景观技巧的一部分。例如，早在中世纪和文艺复兴早期的彩画，我们发现树林（自然的）首先被涂上几道黑色，接着用大地绿色（Terre Verde）的透明颜料薄涂。也许这种深阴影，表现自然景观的神秘，在使用油和水彩分层描绘方面呼应了后来的伟大绘画。

下图
A E Lee 完成的精致的"数字化渲染"。通过平衡原始模型的渲染设置，以及在 Photoshop 里叠加其他效果，创造出建成环境的模糊性。

右图
由形态小组（Morphosis）精心绘制的数码作品表现了景观环境的结构，创造出对建筑方案来说很重要的地形的真实效果。

案例研究：景观

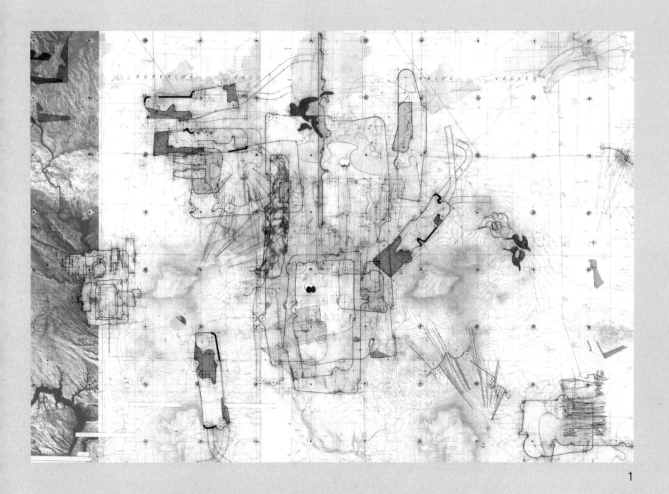

1

1. 佩里·库伯（Perry Kulper）的图是一次对策略阶段的景观的丰富探索。轮廓清晰的地形带来诗意的效果：部分作为景观，部分作为建成物。图纸使用分层精美的线条和色彩覆盖了真实的景观平面。图像分两层：首先用黑色铅笔在聚酯薄膜上绘制全部边界和表面，潜在的形态使用拿浦黄、粉色和褐色加以强调；接着介于建成物与景观之间的复杂细部可以透过半透明的聚酯薄膜表面观察到。图像的这种分层表达了景观深度，同时表现了图像是富有想象力的说明的媒介。这类图只是信息传达的一部分；它也能刺激对景观和建筑的反思。

2

2. 佩里·库伯在平面上对建筑和自然环境之间边界的探索被 A E Lee 以数码绘画的三维形式描述出来。Lee 的图像最大的转变就是将景观作为空间，作为一个半室内半室外的栖息地来研究其影响。他的图像使用的方法是写真的，精心调整色彩平衡、亮度和对比度以保持细部，同时调整阴影以体现深度。图像从精心赋予了灯光与材料的三维数字模型开始。使用不同设置多次渲染。这些图层导入 Photoshop 后，使用不同特效、混合模式和透明度进行叠加与测试。

3

3. 吉莲·兰伯特的 Galleon Reach 的住宅入口立面图中临河的结构与景观同样令人回味。这是一张想象图，旨在捕捉周围环境的神秘品质。使用草图、照片和线图对风的研究分别图像化地应用在了最后的图面中。入口立面受西南主导风影响且幕墙由降落伞布构成。多层的铅笔图和喷笔添加的色彩被扫描合成，创建模糊而幽灵般的面料。

4

4. 斯蒂芬森·贝尔 (Stephenson Bell) 为他们的一个访问及教育中心项目所做的渲染图同样是令人回味的，该项目位于法兰克福附近的曼塞尔坑 (联合国教科文组织世界文化遗址)，该图保持了高度的精细性和明晰性。作为方案发展的一部分，建筑师访问了场地并使用佳能 350D 数码相机拍照研究。将图像转为黑白模式并调节对比度与亮度 (使得所有图片是连续的)，强调了白雪覆盖下的景观的柔和色调。接着使用 Photoshop 将它们'缝'在一起，为计算机渲染方案创建了连续的背景。背景图周边消退以混合天空和地面。

方案使用 3ds Max 建模并使用 V-Ray 渲染，拍摄角度事先确定以使模型创建的同时深化背景和前景。肌理来自场地照片中的现有元素 (在 Photoshop 中调整以避免重复贴图)。

特别的关注是光线产生了柔和的漫射光，以复制场地照片中呈现的冬日的阴霾。创建地面以形成正确的光影，当地面远离投影的走道时，柔和的光线和适当的阴影都能够产生。

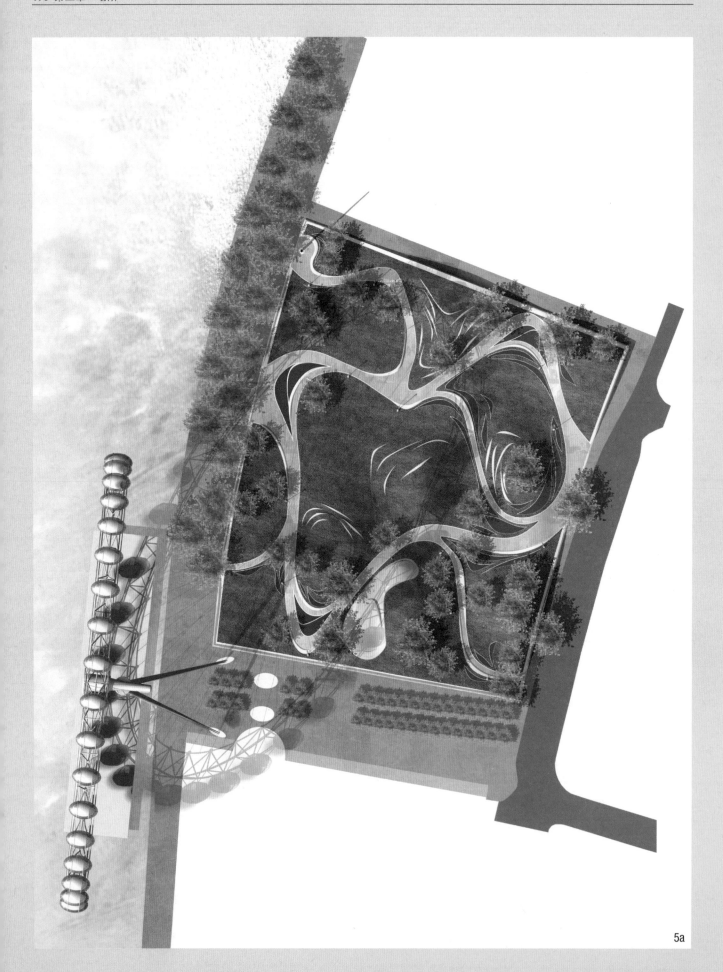

5a

5b

5c

　　5a, b, c. 由 West 8 完成的皇
后大道的平面和外观（冬季）在景
观渲染方式上体现了同样的精致。
图像既有清晰度又反映出景观方案
特征的视觉印象。通过对比，方案
整体的等角视图（夜景）更具示意
的效果。

逐步进阶：数码绘画：水彩和 Photoshop 中的景观

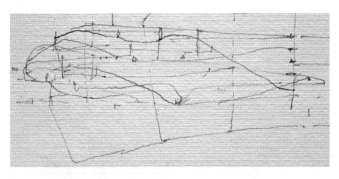

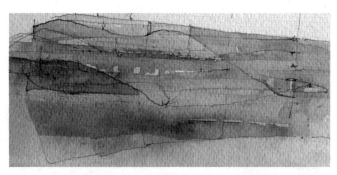

1 这幅探索草图是建立在设计过程早期对景观研究的基础上，以水彩作为介质思考关于位置的初步想法以及对环境地貌和尺度的回应。抽象的铅笔草图并不旨在表达特定的景观，而是整合关于尺度和比例的构思。

2 第一道水彩在深蓝灰色的基础上添加了红褐色和暗褐色（自然的）以代表景观环境的意境。水彩较松散为最终结构寻找可能的构思。

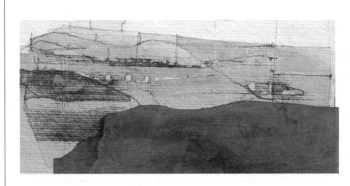

3 在 Photoshop 中导入水彩草图，在一个新的图层添加前景材质并使用铅笔工具修剪。有些水彩通过弄湿纸面、接着用海绵减弱色彩而被淡化了。

4 利用 Photoshop 将新结构引入到景观中完成草图。

逐步进阶：使用 CAD 创建一个花园景观

由萨拉吉·贝尔制作的一系列景观图像。

1 萨拉吉·贝尔（Sarah Gilby）在 CAD 里建的三维模型，使用 AccuRender 插件建模。

2 新图层——叠加天空图片以提亮三维模型的天空。新图层使用橡皮工具（窗口＞工具或快捷键 E）提亮、修改透明度并与其他混合。

新图层——树和叶子合成，用模糊的橡皮工具擦掉边界。明暗对比调整色彩平衡度。

3 新图层。通过从其他图像剪切并粘贴，添加人物和物体。花园结构来自建成模型的照片——使用变换（Transform）工具使它与位置相称。（编辑＞变换＞斜切）

多层模型叠加以增加纵深感。

4 最终图像。

小窍门　阴影
对于景观，尤其是树木和植被的三维图来说，阴影特别有效。

城市环境

城市环境产生了丰富多样的建筑绘图，按比例不同从城市策略研究，代谢、地形以及文化到更现实的环境的相关研究——街区或道路——到最终的探讨边界、过渡、结构、材料的具体空间研究。

与问题的范围和复杂性相配的，是'城市图纸类型'以及城市环境下设计方法的多样性。在城市设计过程中，图纸能引发讨论和涉及其他问题，因此是极其重要的组成部分。'城市图纸'对设计团队来说，在探讨城市常见矛盾需求的最终解决方案方面，具有重要的驱动力。城市图纸的作用在两个方面：一是综合，二是交流。

城市绘图包含了广泛的专家的参与以及不同利益群体的观点。尽管软件可以促进信息管理，但复杂的设计决策仍然需要建立在对城市深刻理解之上的判断，也需要通过不同比例的绘图、模型和其他表达方式传达出来，如同其他建筑条件一样。

目前城市绘图的主要类型之一就是透视图，而电脑制模能使建筑形态置于详细精确的环境中。借助透视图，就有了把城市作为一个整体景象来观察并且明确展示各种形态关系的能力。计算机促进了城市的'设计'实现了它的三维直观化。

但同时，这些形态逼真的图像预期不会排除其他也许更敏锐突出城市生活不易显现的方面——比如说，捕捉城市的功能、代谢和生活的绘图。

左图
安妮·戴斯梅特的"新大都会"图在纸上混合了木活字、木雕、油布浮雕印刷、flexgraph软件以及拼贴技术。

下图
由德万斯里和拉穆尼尔（Devanthéry & Lamunière）完成，生命科学学院，瑞士洛桑，2005年。该数码渲染图显示建筑入口玻璃墙面为城市打开了研究和科学信息的世界。夜景和透明的前景人物强调了三层的接待处里面的生活。

案例研究：城市环境

1

小窍门　城市空间

利用平面图、剖面图和模型以理解城市空间的三维模式。

1. 这里显示的第一张图的特征是对城市和光的简单观察，由艺术家安妮·戴斯梅特完成。第一幅即，"夜色中的马泰拉"是一张油布浮雕印刷作品，在 Somerset Satin 纸上使用蓝黑和乳白色墨水绘制。这张油布浮雕印刷作品是从描绘意大利南部古城马泰拉的局部小型细节铅笔淡墨素描图（现场绘制）直接发展而来。太阳直射到场景中，画面强调了建筑融入到阴影的方式和建造房屋的石块。共使用了两块印版：主要印版使用蓝黑墨水刻画各组成部分的结构；第二块印版（与第一块同等大小）并不切割，而是使用透明的乳白色覆盖在上一步的成果上，使图片呈现出暖黄色石材和阳光的效果，与印刷纸的亮白色形成对比。

2. 有趣的是手绘草图为何仍是阐明构思的关键工具，甚至在现代城市的复杂环境中也如此。埃里克·帕里的研究显示位于伦敦市中心的 Aldermanbury 广场 5 号的城市平面和两个立面。早期的铅笔草图确立了对发展至关重要的构思——在平面图中，首层的大公共空间与城市空间在建筑两侧相连。第一幅立面图的底部暗示了这一空间的尺度。第二幅立面图首次显示了对最终方案至关重要的构思，即立面上部向内倾斜。这一策略减少了房屋的尺度对街道的影响。从这个意义上，这张简单的草图综合了关于城市生活与经验的构思，反映出关于形式、布局和结构的整体与细部策略。

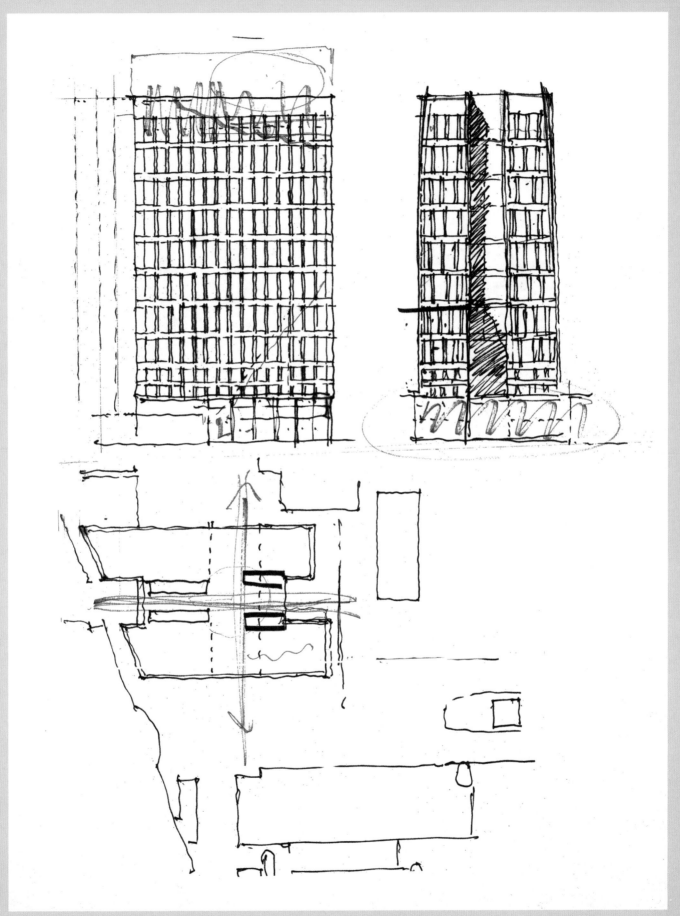

4a

3. 扎哈·哈迪德建筑事务所格罗宁根艺术中心的 CAD 图显示了处于现存环境中的建筑方案。绘图的有效性在于它限制使用色彩突出方案。城市的其他部分使用蓝灰色调渲染，在提供背景环境的同时并没有冲淡令人难忘的建筑物，它看似一架轻型飞机，从右下方成对角线掠过图面。这种合成以及对光和运动的精心安排是使图面富有力量的关键。

4a，b. 扎哈·哈迪德建筑事务所 Kartal-Pendik 总体规划，伊斯坦布尔（参见 102 页和 119 页）。方案始于现有结构波动而形成的曲线网格，它使平面具有了三维的发展框架（右图）。使用脚本软件发展拓扑结构满足不同区域的需求。使用一系列软件，包括 Rhino、Autodesk 和 Maya，对该可变模型渲染得到总体规划图（上图）。

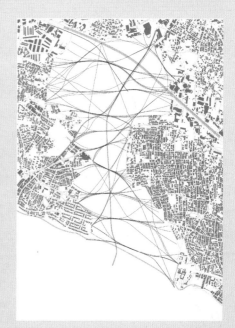

4b

逐步进阶：创建一张蒙太奇照片

伊恩·汉德森完成的本系列图片中，一张既有的城市环境的照片经处理后显示了建筑方案介入后如何看待场地的。

1 照片。使用校色技术调整照片至最佳，可使用图层或图像调整工具如色阶、曲线、照片滤镜、色相／饱和度等。确保任何不需要的标记和尘点都使用了图章工具（Clone Stamp）和修复笔刷（Heal Brush）工具去除。如有必要可使用模糊蒙版（Unsharp Mask）或智能锐化（Smart Sharpen）滤镜进行锐化。

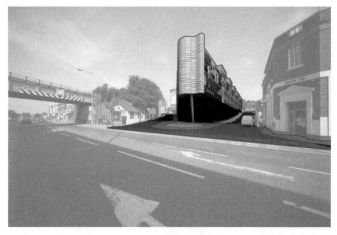

2 模型。创建一个新组并重新命名。拖拽计算机生成（CG）的元素到工作文件的新组中，可使用移动（Move）工具，按住 shift 键以确保放置在正确位置。

重命名计算机生成图像的新图层。选择组并添加图层蒙版。使用笔刷工具在图层蒙版上喷涂黑色和白色，以隐藏或突显建筑图层的相应部位，使其与图片协调。

使用校色工具调整计算机生成图像以适合照片的色调，可使用图层或图像调整工具如色阶、曲线、照片滤镜、色相／饱和度等。

3 背景。在背景中去除照片上任何不需要的部分。使用组、图层以及图层蒙版为背景添加树和灌木丛。创建一个新图层并复制天空部分以遮盖现有建筑。为合并计算机生成图像中的道路与现有道路，复制现有道路到新的图层直到两个图像准确结合。

4 阴影。为确保计算机生成元素在照片中正确显示，使用快速蒙版模式（Quick Mask Mode）填涂和创建一个选区追踪现存建筑的光影。追踪和选择现有阴影后，建立一个新图层并重新命名。使用颜色填充（Paint Bucket）工具将选区涂黑。设置"阴影"的不透明度以与现存阴影一致。

5 反射。创建一个新组并重新命名。使用多边形套索工具选择窗户。为所选的组创建一个"图层蒙版"。将可能会反射到玻璃上的图像，拖拽、释放、缩放和定位到新组中。最好使用在道路的另一侧拍摄的照片以获得准确的反射；这需要事先仔细规划。为反射图像校色并使用图层混合和透明度创造令人信服的反射。

6 植被。创建一个新组并重新命名。将植被拖拽、释放、缩放和定位到景面中。为植被校色以呼应照片的色调，可使用图层或图像调整工具如色阶、曲线、照片滤镜、色相／饱和度等。

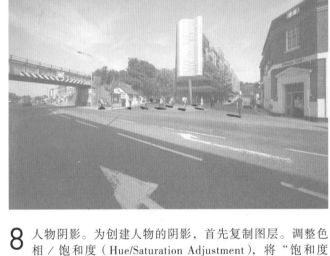

7 人物。创建一个新组并重新命名。将人物拖拽、释放、缩放和定位到景面中。为人物校色以呼应照片的色调，可使用图层或图像调整工具如色阶、曲线、照片滤镜、色相／饱和度等。

8 人物阴影。为创建人物的阴影，首先复制图层。调整色相／饱和度（Hue/Saturation Adjustment），将"饱和度和亮度"值设为 100，在复制图层中形成侧影。

使用变换工具下的变形（Distort）功能处理侧影形成阴影。仔细确保阴影与照片中的其他阴影方向一致。移动"阴影"图层至"人物"图层下方。设置阴影不透明度与照片中的阴影度一致。如有必要，使用高斯模糊（Gaussian Blur）滤镜淡化阴影。

9 最终图像。

逐步进阶：使用照片合成作为设计过程 1 的一部分

这些图解、绘图和数字模型是德万斯里和拉穆尼尔事务所（Devanthéry & Lamunière）对日内瓦瑞士法语电视台（TSR Tower）进行改造和翻新设计过程的一部分。

1 一幅照片和两张图解草图显示了环境中的现存塔楼，和描述了三维意图，因为它们期待拆开现存塔楼的形态：经由 "I" 体块到 "Z" 体块，从一个 'I' 形到一个 'Z' 形，或从一个孤立的形态到更有趣的融入环境的形态。

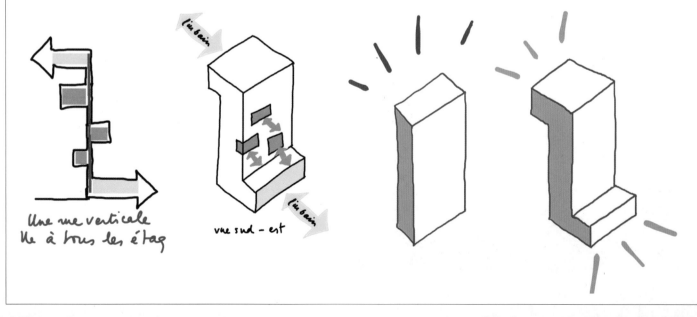

2 一个计算机生成的模型。

3 最终放置在环境中渲染的方案模型。

逐步进阶：使用照片合成作为设计过程 2 的一部分

　　这些图解、绘图和数字模型是德万斯里和拉穆尼尔事务所（Devanthéry & Lamunière）的洛桑歌剧院（Lausanne Opera House）设计过程的一部分。建筑师描述这个项目整体是以源自表演的魔力的技术为导向。建筑全部被由玻璃和不锈钢构成的"皮肤"覆盖，"象征着睡衣的魅力"。

1 照片——现存街道景观。

2 城市分析的注释。

小窍门　人物

住在城市空间里的要为真实的而不是电脑生成的人物。

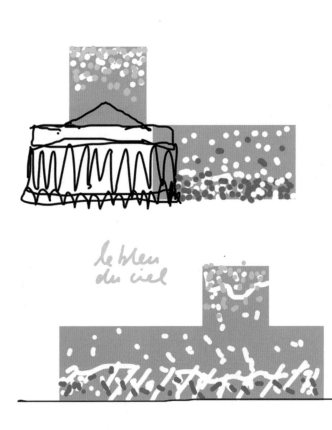

3 图解显示反射表皮的作用，加剧了临近街道和天空的体量的消隐。

4 最终渲染的带环境 CAD 模型，光线强化了隐藏在表皮和形式背后的构思。

脚本绘图与城市设计

丹尼尔·理查德斯（Daniel Richards）

本节使用算法设计程序探索城市形态的布局。它描述了一种城市系统的设计处理模式和思考了通过创建惯用脚本设计工具，而能建立以数据为依据的设计过程的各种方法。本节分为三部分，它们都是对以下观点的延伸，即利用算法程序应对环境与法规的刺激产生城市形态。

本案例研究根据东曼彻斯特（East Manchester）的贝司维克区（Beswick）的一个项目的进展，该项目中新兴的建筑与城市特征随着现存环境条件以及东曼彻斯特地方发展计划而演变起来的。

分散网络

对页的例子描述了城市基础设施如何通过一个由系列节点为设计发生器来确定，同时在建立整体网络时允许局部干预。网络由分散控制确定，这意味着由每一个

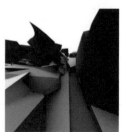

节点负责创建一个位于附近的基础设施，基础设施是建立在参与构成集合（全局）网络的地方（局部）关系基础之上的。

本案例研究并不是提供软件的专门指导比如如何撰写脚本，而是描述创建脚本的一般步骤。这 12 个图解（右下图）沿横向阅读是同一过程的三种迭代，它描述了针对各种情况脚本的不同应用。

该脚本包含几部分：

1. 创建一组节点，其位置将决定最终的网络。

2. 所有节点集合在一个阵列中，允许它们通过一个循环功能产生联系。

3. 创建第一次循环通过下列操作控制每一个节点：

4. 在距离选定节点为 X 范围内的所有其他节点被确定为临近节点，并被添加到第二陈列。

5. 在选定节点与临近节点之间进行矢量投影，并记录中点坐标。

6. 按照中点坐标与选定节点的角度进行分类，绘制一根主干线连接分类的节点。

新产生的基础设施成为了初始节点位置的干扰因素，因此创建一个由简单结构算法和节点间局部关系产生的基础设施。除本例以外，凡罗诺伊图也可用于在一系列点之间建立最佳网络，并且在城市规划中确定分区和受托地区方面已广泛应用。

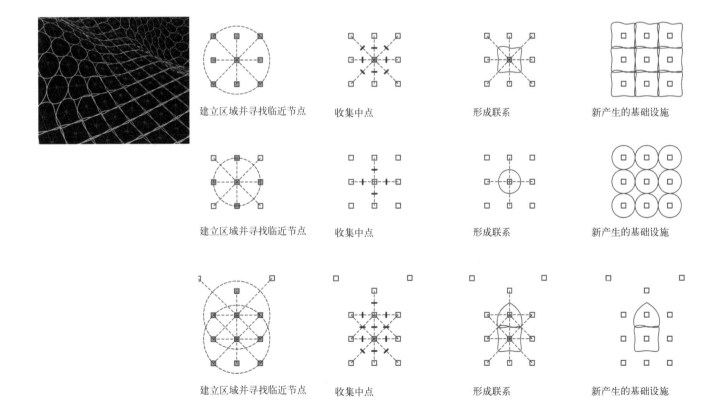

建立区域并寻找临近节点　　收集中点　　形成联系　　新产生的基础设施

建立区域并寻找临近节点　　收集中点　　形成联系　　新产生的基础设施

建立区域并寻找临近节点　　收集中点　　形成联系　　新产生的基础设施

下图
网络模式及相关的参数方程。

对页右图
通过一个模拟景观的网络发展。

下图是 12 个由相关参数方程依次用于分散控制点而确定的城市网络。这些城市网络都展示了新的特征：当节点以环形分布就产生了乡村绿地［3］；在径向网络中产生了大的内环路［4］；低密度的郊区可以在很多网络的边缘看到。重要的是，复杂性并没有添加到网络中，它们的复杂性是由局部干预的特性发展而来的。

用于创建城市网络的脚本也可被扩展以创建三维结构。下例显示了一组节点可在临近节点间创建三维曲面的类似过程。该例中添加了第二脚本以细分曲面并创建曲线要素。

分散设计程序的过程使复合脚本得以产生，依次运行复合脚本可建立矛盾可控的"失控"结构。

发展网络

前面的探索描述了算法设计如何受益于使用分散控制。本例将跟踪模拟城市景观中道路网脚本的建立。

1970 年，约翰·康威（John Conway）发明了一个名为"生命游戏"（Game of Life）的零玩家游戏，这是一个模拟殖

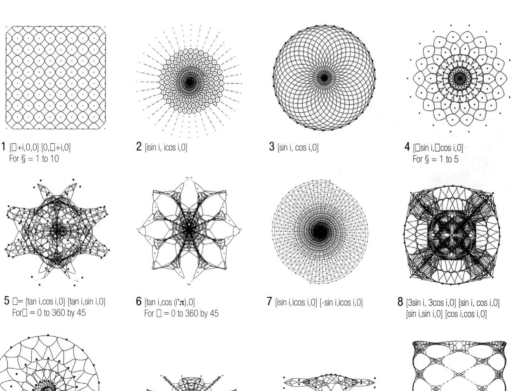

1 [□+i,0,0] [0,□+i,0]
For § = 1 to 10

2 [isin i, icos i,0]

3 [sin i, cos i,0]

4 [□sin i,□cos i,0]
For § = 1 to 5

5 □= [tan i,cos i,0] [tan i,sin i,0]
For□ = 0 to 360 by 45

6 [tan i,cos (i*π),0]
For □ = 0 to 360 by 45

7 [isin i,icos i,0] [-sin i,icos i,0]

8 [3sin i, 3cos i,0] [sin i, cos i,0]
[sin i,sin i,0] [cos i,cos i,0]

9 [isin i,icos i,0]

10 [itan i,icos i,0] [-itan i,cosi,0]
[itan i,-icos i,0] -[itan i,icos i,0]

11 [tan i,cos i,0] [tan i,sin i,0]

12 [3sin 5i,3cos 3i,0]

民地随时间产生到消亡的数学"游戏"。这个游戏由一个确定了一系列细胞的二维网格构成。细胞可以下列两种状态之一存在：生或死，每个细胞的状态由它与邻近细胞的关系决定。游戏通过简单重复的规则得以进行，该规则要求每个细胞评估它的临近细胞并决定目前的状态。通过繁殖，游戏可以模拟有机行为。康威的"生命游戏"是被称为细胞自动机的计算法的最著名的实例。

用于发展网络的脚本需要两个元素。第一，必须建立景观，第二必须设计用于发展的发生器。景观可由细胞网格（如康威的模型）确定，提供网络生长的空间以及细胞通过分散控制得以交流的机制。发展发生器建立在植物向光源方向生长的"向光性"（Phototropism）这一生物现象基础之上。该脚本旨在创建一个作为目标点（光源）的细胞，以及一个通过像素化景观发展出的合理的传输路径，以提供网络联系的程序。

该脚本包含几部分（如下表显示）。每个细胞可以一种或两种状态存在：开放空间或现有建筑。

1. 每个细胞只有和临近细胞交流的能力。

2. 确定一个目标细胞。

3. 使用重复功能，每个细胞和最接近目标细胞的临近细胞相连，直到到达目标细胞。

4. 被确定为现存建筑的细胞构成了障碍。继而，可能需要采用第二捷径。由此产生了弯路。

5. 与邻近细胞的连接在首次尝试中可能不总会形成。这种情况一旦发生，网络即到达了一个由现存建筑包围的绝境。

6. 细胞与邻近细胞连接的同时，它们丢下了在遇到绝境时可追踪的"数码碎屑"。这些碎屑可被贮存在细胞中的一个小数据库里，它可以通过指定每个细胞的自定义属性来创建。

7. 现在就可以从绝境中找到出路，继而把绝境填满防止将来网络犯同样的错误。

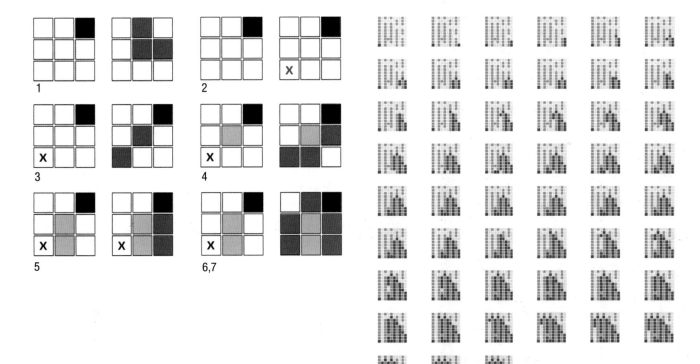

网络发展脚本通过在指定目标细胞与初始细胞之间发展连接网络而生效。脚本为有连接可能的景观提供连接。

左下图的例子描述了一个任意发生的景观产生的网络，因此位于顶部和左侧的每一个细胞都与左下角的目标细胞连接。

网络脚本也可经格式设置可在三维景观中操作。右下图的例子显示利用三维迷宫发展的路径网络。实体模型使用 Zcorp 三维打印机石膏粉打印。

最终的网络是高度合理的以及理论上可预测的。然而，由于数值大小需要对网络进行手动计算，没有计算机的参与，其完成是难以置信的。

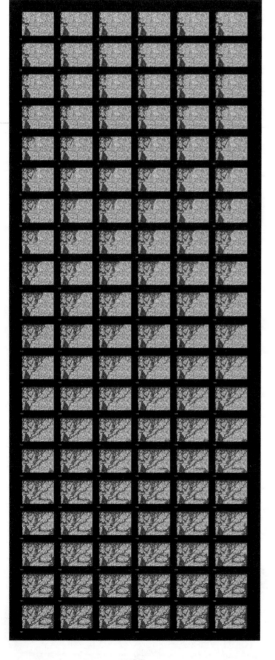

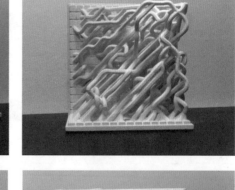

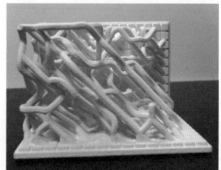

演化网络

撰写脚本创造形式的过程并不难。然而，要让脚本法发挥作用重要的是发展出对最终形式进行加工和评价的方法。

下图的例子显示利用以前的脚本而生成的网络，如何遵从进化压力，即使用遗传算法去模拟达尔文的自然选择法则，因而产生更合适的城市网络。

创建网络景观作为一个网格，这里每一个细胞都是开放空间或是现存建筑，因此景观可被重新设定格式并以二进制代码贮存，即1代表现存建筑，0代表开放空间。这个程序需要具备检测景观并把景观遗传代码以.txt文件格式打印，该文件用于后期上传景观以及以二进制的形式关联网络表现型。

当景观和最终的网络作为纯二进制数据形成时，它们就会很容易地被提供给"遗传交换"，以创建混合城市模型。它们从两个或更多的母体景观（网络）中展现其特性。

为了提供有利的突变可能发生的场点，复制错误的可能性必须被引入遗传交换。

一旦下载、加载和带有可能的突变的交换的机制被建立时，我们就可以使用一种遗传算法来评估和推进网络模型，而创造出一种有机的设计方法。

1 Download landscape

2 Upload landscape

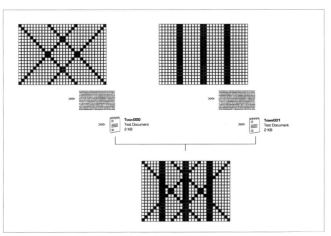

3 Genetic crossover

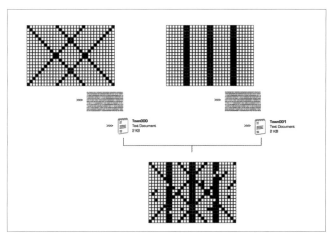

4 Potential mutations

下面的图解描述了进化的算法程序。从一个现存城市景观（贝司维克区，东曼彻斯特）开始，我们将下载景观转化为二进制，再上传三个经处理产生可能突变的子景观。对每一个景观运行网络脚本，产生一个充分连接的基本结构并依据局部关系确定一些细胞特性程序。继而，可评估每个网络景观各种特征如：交通路线长度或新建住宅空间（红细胞）的规模，使每一个子景观被安排到合适的水平。

经过一系列重复，用'最佳'景观／网络制造原始城市空间的潜在改进版，该程序可导致带有复杂新特征的优化城市形态。

使用算法工具的城市空间设计使设计师能在空间之间建立了柔性的拓扑关系，而不是明确的实体连接。绘图行为得到了扩展。绘制草图成为用代码处理关系的行为，技术绘图转变为撰写用于发展自下而上生成系统的建筑方案。

下图
成功的城市网络系统进化树状图

对页图
产生的建筑特征以及程序化元素的分布

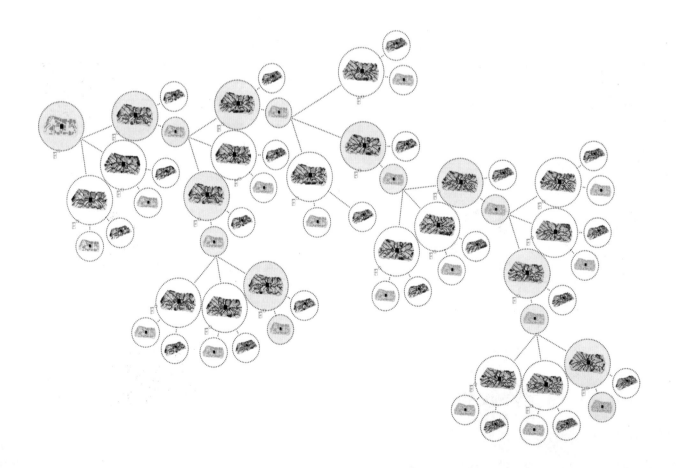

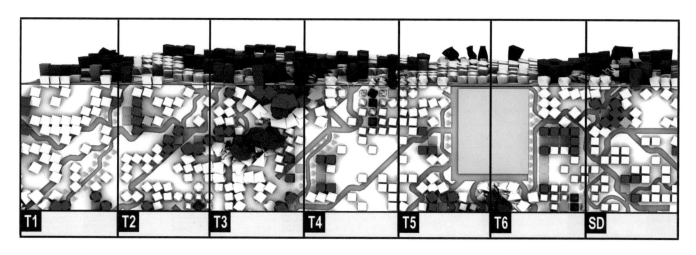

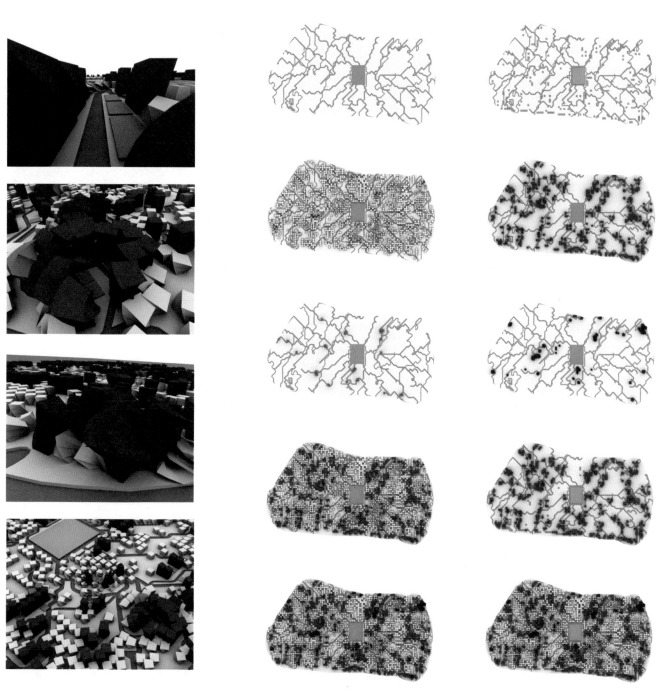

专业词汇表

一些与绘图相关的关键词可用不同的方式解译。在这里为本书中比较重要的词汇提供宽泛的定义可能是有用的。

Axonometric 轴测图

轴测图是创造三维建筑图像最常用的绘图类型之一。等轴测图、正二轴测图、正三轴测图属于轴测图的不同类型，它们共同构成了一组被称为"平行投影图"的图形。在建筑中，轴测图这一术语是指由平面生成且有比例的投影：平面要素沿垂直方向投影，并与平面图的比例一致，而平面图事先被旋转到预设的角度。平面图中位于前面的墙体可被略去或只投影一部分，这样形成的切开的轴测图可以显示出由于采用整体投影而被隐藏的内部。

Collage 拼贴

拼贴技术可用于建筑以直观化室内、室外或最通常表现一个处于新环境中的建筑方案。最简单的拼贴是裁下或撕下图片或绘图再粘贴到表面上。更多情况下它们在 Photoshop 里完成，利用图层在一个平面上直观化不同的图像。拼贴也可用于描述设计方案，可能是探索环境、光和材质，并作为设计发展的关键手段。

Elevation 立面图

立面图属于正投影图，通常平行于所研究的表面（可以是室内或室外）。如同建筑的竖向剖面，立面反映了墙体正面连接。建筑师使用该词汇与外观同义。一个立面图可以使用阴影、色彩和材质有效地表达凹凸。

Isometric 等轴测图

等轴测投影属于轴测图的类型，它与正二轴测图、正三轴测图共同构成了一组被称为"平行投影图"的图形。等轴测图形成于当物体旋转到它的三个坐标轴与图纸平面夹角都相同时，使建筑或空间边界的夹角呈 120°。在建筑制图中，通常某一个坐标轴是竖直方向的，另外两个则与水平线呈 30° 夹角。大多数建筑图采用向下观看的视点绘制，（尽管细部与屋顶可能最好被向上看）平面按照被打开的状态呈现并被从 90° 到 120° 的视角方向观察。这对于反映室内的绘图是有利的，而对于其他情况则显得相对死板，因为它需要将三个可视面同时强调。

Linocut 油布浮雕印刷

油布浮雕印刷是一种简单而有效的凸版印刷。首先，图形转化到一张油布上。然后将油布上那些不需要出现在最终印刷品上面的区域切掉。接着用滚筒或刷子上墨。将一张纸放在切割好的油布上均匀施压（使用印刷机或磨光器），于是墨水转换到纸上完成印制。

Monoprints 单色印刷

最简单的单色印刷即痕迹印刷对建筑师来说是一项有用的技术：首先把墨水均匀撒在表面，接着镜像印刷一张带图形的纸，然后（正面朝上）放置在墨水上。通过对镜像图形上面的线重复施加压力，同样的图形将转化到纸张的另一面，不过是正确的图形。这种简单的方法为线条图提供了个性化的品质。

Orthogonal 正交

用于描述由直角组成或涉及到直角的图形或投影。

Perspective 透视图

透视绘制技术作为一种演示手段是用来在二维平面上描绘距离和空间深度的。时至今日，数字透视图的说服力仍在持续：计算机绘制的透视图已经成为表达方案的最有效途径。透视图中有两项基本的观察原则。第一，远处的物体小于近处的物体。第二，物体沿视线缩短。本书只描述了两种透视——一点透视和两点透视，但任何透视图中的灭点个数取决于不同的构图方向。

Photomontage 照片合成

这是由照片组成的拼贴。

Pigment 颜料

颜料是一经溶剂溶解即可形成色彩的物质或粉末。颜料的神奇性在于它们的透明性：各种颜料具有不同的透明度。传统渲染的技巧就是对透明色彩的叠加来改变色彩明度的理解。在建筑中，我们通常是从水彩颜料中发现这一点，但颜料的原料是灵活的，直接使用它们或其他介质也十分有趣。

Plan 平面图

平面是一个基本的建筑制图类型。它是一个主要的组织手段，因此是大多数设计项目的核心图纸，通过它可以很容易地读懂建筑。技术上，平面图可以被描述成从水平面位置进行的正投影图。水平面的位置以及图形比例可以产生了从宏观到细部的多种类型的平面图。

Scale 比例

多数建筑制图使用的标准公制单位是国际（SI）单位毫米（mm）和米（m）。在法国厘米和米最常用，在美国图纸使用非米制比例绘制。

一般米制绘图的比例为 1:1（如全尺寸制造图）；1:5（如施工图）；1:20 / 1:10（如技术剖面）；1:50（如节点平面、剖面）；1:100（如配置图、剖面图）1:200/ 1:500（如总体布置图）和 1:1250 / 1:2500（如环境背景图）。

Sciagraphy 投影法

这是在图形中投射阴影的技术，对描述表面凹凸和空间深度很有用。

Scripted drawing 脚本绘图

脚本绘图是由所谓"生成软件"产生的图像。这些图以复杂设计参数表达形式对策，从数学上理解，就是设计过程可打破为一种算法或一些命令。

Section 剖面图

和平面图一样，剖面图也是一种正投影图，但从垂直平面位置的投影。剖面可在建筑任何部位剖切，但往往在要描述的重要空间上剖取。室内立面将呈现于楼板间，而室外立面则呈现在以建筑外面或部分外面提取的垂直平面上。